机工教育

面向新工科高等院校大数据专业系列教材

信息技术新工科产学研联盟数据科学与大数据技术工作委员会 推荐教材

U0193574

Data Collection and Preprocessing Technology

数据采集
与预处理技术应用

安俊秀　唐聃　柳源　杨林旺
万里浪　田茂云　戴宇睿　编著

机械工业出版社
CHINA MACHINE PRESS

本书重点介绍了数据采集和数据预处理的相关理论与技术。全书共 9 章，主要包括数据采集与预处理概述，大数据开发环境的搭建，使用 Flume 采集系统日志数据，使用 Kafka 采集系统日志数据，其他常用的系统日志数据采集工具，使用网络爬虫采集 Web 数据，Python 数据预处理库的使用，使用 ETL 工具 Kettle 进行数据预处理，以及其他常用的数据预处理工具。本书在第 2 章至第 9 章安排了丰富的实践操作，实现了理论与实践的有机结合，帮助读者更好地学习和掌握数据采集与预处理的关键技术。

本书可以作为高等院校大数据专业的大数据课程教材，也可以作为计算机相关专业的专业课或选修课教材，同时也可以作为从事大数据相关专业的工作人员的参考用书。

本书配有电子课件、教学大纲、授课计划、数据集、源代码等教学资源，需要的教师可登录 www.cmpedu.com 免费注册，审核通过后下载，或联系编辑索取（微信：13146070618，电话：010-88379739）。

图书在版编目（CIP）数据

数据采集与预处理技术应用 / 安俊秀等编著．—北京：机械工业出版社，2023.8（2024.7 重印）

面向新工科高等院校大数据专业系列教材

ISBN 978-7-111-73385-0

Ⅰ. ①数… Ⅱ. ①安… Ⅲ. ①数据采集-高等学校-教材 ②数据处理-高等学校-教材 Ⅳ. ①TP274

中国国家版本馆 CIP 数据核字（2023）第 114162 号

机械工业出版社（北京市百万庄大街 22 号 邮政编码 100037）
策划编辑：王 斌　　　　　　责任编辑：王 斌 赵晓峰
责任校对：张亚楠 张 薇　　　责任印制：常天培
北京机工印刷厂有限公司印刷

2024 年 7 月第 1 版第 2 次印刷
184mm×240mm・13 印张・341 千字
标准书号：ISBN 978-7-111-73385-0
定价：59.90 元

电话服务　　　　　　　　　　网络服务
客服电话：010-88361066　　　机 工 官 网：www.cmpbook.com
　　　　　010-88379833　　　机 工 官 博：weibo.com/cmp1952
　　　　　010-68326294　　　金 书 网：www.golden-book.com
封底无防伪标均为盗版　　　　机工教育服务网：www.cmpedu.com

面向新工科高等院校大数据专业系列教材
编委会成员名单

（按姓氏拼音排序）

出版说明

党的二十大报告指出"加快发展数字经济，促进数字经济和实体经济深度融合，打造具有国际竞争力的数字产业集群。"当前，我国数字经济建设加速推进，作为数字经济建设的主力军，大数据专业人才需求迫切，高校大数据专业建设的重要性日益凸显，并呈现出以下四个特点：实用性、交叉性较强，专业设立日趋精细化、融合化；专业建设上高度重视产学合作协同育人，产教融合发展迅猛；信息技术新工科产学研联盟制定的《大数据技术专业建设方案》，使得人才培养体系、专业知识体系及课程体系的建设有章可循，人才培养日益规范化、标准化；大数据人才是具备编程能力、数据分析及算法设计等专业技能的专业化、复合型人才。

作为一个高速发展中的新兴专业，大数据专业的内涵和外延不断丰富和延伸，广大高校亟需能够系统体现大数据专业上述四个特点的教材。基于此，机械工业出版社联合信息技术新工科产学研联盟，汇集国内专家名师，共同成立教材编写委员会，组织出版了这套《面向新工科高等院校大数据专业系列教材》，全面助力高校新工科大数据专业建设和人才培养。

这套教材依照《大数据技术专业建设方案》组织编写，体现了国内大数据相关专业教学的先进理念和思想；覆盖大数据技术专业主干课程的同时，延伸上下游，涵盖云计算、人工智能等专业的核心课程，能够更好地满足高校大数据相关专业多样化的教学需求；引入优质合作企业的技术、产品及平台，体现产学合作、协同育人的理念；教学配套资源丰富，便于高校开展教学实践；系列教材主要参编者皆是身处教学一线、教学实践经验丰富的名师，教材内容贴合教学实际。

我们希望这套教材能够充分满足国内众多高校大数据相关专业的教学需求，为培养优质的大数据专业人才提供强有力的支撑。并希望有更多的志士仁人加入到我们的行列中来，集智汇力，共同推进系列教材建设，在建设数字社会的宏大愿景中，贡献出自己的一份力量！

面向新工科高等院校大数据专业系列教材编委会

前　言

随着大数据技术研究和应用的快速发展，全球数据呈爆炸性增长，信息技术产业和应用格局正发生着重大变革，人们采集、存储和处理数据的能力也大幅提升。数据作为一种新的战略资源，对社会各个领域产生了深刻影响。"用数据来说话、用数据来管理、用数据来决策、用数据来创新"是这个时代的鲜明特征，对数据从产生、采集、分析到利用都提出了前所未有的新要求。

数据分析的全流程包括数据采集与预处理、数据存储与管理、数据处理与分析、数据可视化等。从市场上现有的教材来看，数据采集与预处理相关领域的教材还非常缺乏。这是编者撰写本书的原因。

本书侧重于介绍大数据关键技术中的数据采集和数据预处理技术。本书可作为入门教材，用于高年级本科生和研究生的大数据课程，以及供从事相关工作、对这些技术的应用感兴趣的技术人员参考。在学习本书的内容之前，读者需要具备一定的计算机体系结构和计算机编程语言的基础知识。

本书为了尽量完整地介绍数据采集和数据预处理的相关理论与技术，同时考虑到课程内容应精简、凝练，编者将本书划分为 9 章，各章节主要内容如下。

第 1 章数据采集与预处理概述，概要性地介绍大数据、数据分析、数据采集以及数据预处理，并对本书内容进行了概述。

第 2 章大数据开发环境的搭建，包括 Python、JDK、MySQL、Hadoop 的安装和使用方法，为后续章节提供了实验操作基础。

第 3 章使用 Flume 采集系统日志数据，介绍日志采集系统 Flume 的原理、安装和使用方法，最后通过实践案例——使用 Flume 采集数据上传到 HDFS 帮助读者更好地学习和掌握。

第 4 章使用 Kafka 采集系统日志数据，介绍分布式消息系统 Kafka 的原理、安装和使用方法，最后通过实践案例——Kafka 与 Flume 结合采集日志数据帮助读者更好地学习和掌握。

第 5 章其他常用的系统日志数据采集工具，介绍其他常用的系统日志数据采集工具的安装与配置，如 Scribe、Chukwa、Splunk 等，介绍了具有代表性的优秀国产日志管理工具日志易，每种系统日志数据采集工具都通过实践案例帮助读者更好地学习和掌握。

第 6 章使用网络爬虫采集 Web 数据，介绍网络数据采集，包括网络爬虫的概念、网页爬取与解析方法、Scrapy 框架等，最后通过实践案例——使用 Scrapy 爬取某电商网站数据帮助读者更好地学习和掌握。

第 7 章 Python 数据预处理库的使用，介绍了如何使用 Python 进行数据预处理，并通过实践案例——使用 Python 预处理旅游路线数据来展示 Python 的应用。

第 8 章使用 ETL 工具 Kettle 进行数据预处理，介绍 Kettle 工具的安装和使用方法，通过实践案例——使用 Kettle 处理某电商网站数据帮助读者更好地学习和掌握。

第 9 章其他常用的数据预处理工具，介绍其他常用的数据预处理工具的安装与配置，如 Pig、OpenRefine。每种数据预处理工具都通过实践案例帮助读者更好地学习和掌握。

本书由成都信息工程大学安俊秀教授、唐聘教授及成都信息工程大学的研究生柳源、杨林旺、万里浪、田茂云、戴宇睿共同编著。其中第 1 章、第 9 章由杨林旺、安俊秀编写，第 2 章、第 4 章由柳源、安俊秀编写，第 3 章由戴宇睿、柳源编写，第 5 章、第 7 章由万里浪、唐聘编写，第 6 章、第 8 章由田茂云、唐聘编写。安俊秀、柳源、杨林旺对全书进行了审校。

本书的编写和出版还得到了国家社会科学基金项目（21BSH016）的支持，同时也是四川省社会科学高水平团队"旅游大数据可视化决策研究团队"的阶段性成果。

本书还得到了信息技术应用创新工作委员会大数据工作组的支持，以及国产软件企业北京优特捷信息技术有限公司（日志易）的大力支持。在此对大数据工作组的尤晓燕、郑阳，以及优特捷公司的郝香山表示感谢！

尽管在本书的编写过程中，编者力求严谨、准确，但由于技术的发展日新月异，加之编者水平有限，书中难免存在错误和不足之处，敬请广大读者批评指正。

安俊秀
2023 年 5 月于成都信息工程大学

目 录

第1章　数据采集与预处理概述

数据采集与预处理是大数据处理分析的第一个阶段，也是大数据的关键技术之一。在数据获取的过程中，采集到的原始数据可能包含很多冗余或无用的数据，因此，在进行数据的存储和使用之前要进行数据预处理操作。本章简单介绍数据采集与预处理的相关知识。

1.1　大数据简介

人类是数据的创造者和使用者。随着计算机和互联网的广泛应用，人类创造的数据量呈指数级增长，采集存储和处理数据的能力也大幅提升。全球数据种类的不断增多，数据总量的迅速增长，促成了大数据（Big Data）的产生。本节主要讲解什么是数据，什么是大数据，以及大数据的技术应用。

1.1.1　数据的概念、类型、组织形式

1. 数据的概念

数据是信息的载体，是事实或观察的结果，是对客观事物属性的逻辑归纳，是用于表示客观事物的未加工的原始素材。在计算机科学中，数据是所有能输入到计算机中并被计算机程序处理的符号的总称。

2. 数据的类型

数据类型主要分为结构化数据、非结构化数据、半结构化数据。随着数据种类的不断增多，结构化数据仅占到全部数据量的 20%，其余 80%都是以文件形式存在的非结构化和半结构化数据，如图 1-1 所示。半结构化数据和非结构化数据越来越成为数据的主要部分。下面分别介绍这三种数据类型。

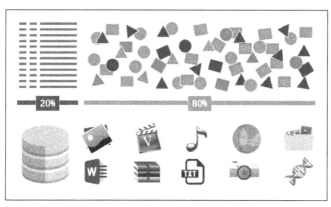

图 1-1　结构化数据、半结构化数据和非结构化数据占比

（1）结构化数据

结构化数据也称为行数据，是由二维表结构来逻辑表达的数据（如学生成绩表），严格地遵守数据格式与长度规范，主要通过关系数据库来进行存储和管理。例如，MySQL 表数据、SQLServer 表数据、DB2 表数据等使用二维形式表示的数据都是结构化数据。

结构化数据存储和排列都是很有规律的，对于数据的查询和修改有很大的帮助。但是结构化数据的扩展性不好。

结构化数据最终是以表格的形式存储到数据库中，数据格式统一。结构化数据主要应用于如下场景中：企业资源计划（Enterprise Resource Planning，ERP）系统、财务系统、医院信息系统、教育一卡通系统等。

（2）非结构化数据

与结构化数据相对应的是非结构化数据，它的数据结构不规则或者不完整，不适合用数据库二维表来表现。非结构化数据格式非常多样，没有统一的数据结构，如所有格式的办公文档（Word、PPT 等）、文本、HTML、图片、音频、图像等都是非结构化数据。

非结构化数据的格式是多样性的，标准也是多样性的。结构化数据与非结构化数据最大的区别在于分析结构化数据与非结构化数据的便利性。对于数据是结构化数据还是非结构化数据，没有任何的偏好，需要根据具体的需求和应用场景选择适合的数据处理和分析方法。这两种模式都具有允许用户访问的工具，目前结构化数据分析已经有成熟的工具。非结构化数据的数量规模远比结构化数据大，而且用于挖掘非结构化数据的分析工具正处于发展阶段。

非结构化数据在获取信息时并不会对事物进行抽象、归纳等处理，它会获取事物的全部信息。如果直接分析原始数据，而没有对数据进行抽象、归纳等处理，在分析的过程中就会引入大量的错误或者无意义的数据信息，从而会对后续的操作造成干扰。因此，对于特定的应用场景，非结构化数据的价值密度相对较低。随着数据种类的不断增多，非结构化数据的数量规模远比结构化数据大，对于海量的非结构化数据，需要进行存储和分析，从而在数据中挖掘出有价值的信息。

（3）半结构化数据

半结构化数据是介于结构化数据和非结构化数据之间的数据，如标记语言 XML 文档、JSON 文档、电子邮件等。半结构化数据中，数据结构和数据内容混在一起，没有明显的区分，数据自身就描述了其相应的结构模式。这也决定了半结构化数据的数据结构具有自描述性、复杂性以及动态性。半结构化数据的存储多采用非关系型的 NoSQL 数据库。NoSQL 数据库不会将模式结构与数据分开，因此成为存储半结构化数据的更好选择。

3．数据的组织形式

数据的组织是按照一定的方式和规则对数据进行归并、存储、处理的过程。数据的维度就是数据的组织形式，是在数据之间形成特定关系、表达多种数据含义的一个重要的基础概念，根据数据维度关系的不同，数据组织可分为：一维数据、二维数据、多维数据和高维数据。

- 一维数据。一维数据由对等关系的有序或无序数据以线性方式构成，在一维方向展开，形成线性关系。数据之间是对等关系，可以用列表、集合、数组表示。
- 二维数据。二维数据由多个一维数据构成，是一维数据的组合形式，也称表格数据，一般用矩阵或列表表示。

- 多维数据。多维数据由一维或二维数据在新的维度上扩展形成，如数学中平面坐标系在空间维度上扩展为空间坐标系。
- 高维数据。高维数据仅利用最基本的二元关系展示数据间的复杂结构，高维数据具有多个独立的属性。

1.1.2　大数据的概念、特点与作用

1. 大数据的概念

大数据是一个体量特别大、数据类型特别多的数据集，并且这样的数据无法使用传统数据处理应用软件对其内容进行采集、管理和处理。下面列出几个官方对于大数据的解释。

维基百科对大数据的描述如下：大数据又称巨量数据、海量数据，是指用传统数据处理应用软件不足以处理它们大或复杂的数据集的术语。

麦肯锡全球研究所给出的定义：一种规模大到在获取、存储、管理、分析方面大大超出了传统数据库软件工具能力范围的数据集合，具有海量的数据规模、快速的数据流转、多样的数据类型和价值密度低四大特征。

大数据研究机构 Gartner 给出了这样的定义：大数据是需要新处理模式才能具有更强的决策力、洞察发现力和流程优化能力来适应海量、高增长率和多样化的信息资产。

随着云计算机的来临，大数据也引起了人们越来越多的关注。中国信息通信研究院 2016 年发布的《大数据白皮书（2016）》从大数据产业发展概述、大数据技术发展趋势、大数据资源开发与共享、重点行业大数据应用等方面分析了大数据行业的进展。大数据技术的战略意义不在于掌握庞大的数据信息，而在于对这些含有意义的数据进行专业化处理。图 1-2 展示了全球全年产生数据量估算图。

图 1-2　全球全年产生数据量估算图

2. 大数据的特点

大数据的特点可以概括为六个方面。第一，数据量大（Volume），数据从 TB 级别跃升到 PB 级别。第二，数据类型多样（Variety），例如，互联网中大量的网络日志、视频、图片等数据信

息。第三，数据处理速度快（Velocity），往往需要在秒级时间范围内处理各种类型的数据信息。第四，数据价值密度低（Value），现实中获取的大量数据是未经过处理的，它们的价值是无效或者是很低的，大数据技术就是将这些数据中有用的信息提取出来，挖掘出有价值的数据。第五，准确性（Veracity），数据处理结果要保证一定的准确性和可信赖度。第六，复杂性（Complexity），由于数据量大、数据类型多样、产生速度快，对于数据的处理和分析难度大。

3．大数据的作用

（1）大数据对于思维变革的作用

第一个思维转变：在大数据时代，我们可以分析更多的数据，不再依赖随机采样。随机采样是信息缺乏和信息流通受限制的小数据时代的产物，由于记录、存储和分析数据的工具有限，所以只能通过随机采样来进行分析。小数据时代的随机采样，是用最少的数据获得最多的信息。但当人们拥有了大规模采集和分析数据的能力，面对海量数据，与局限在小数据范围相比，使用全量数据可以为人们带来更高的精确性，也让人们更清楚地看到样本无法揭示的细节信息。

第二个思维转变：人们拥有了海量数据，绝对的精确度就不再是主要的目标。大数据的结构复杂、优劣掺杂，而且并未集中存储在一个服务器上。所以人们不再对某个现象进行刨根问底，只需掌握事物发展的大致方向，适当地忽略微观层面的精确度，在宏观层面上拥有更好的洞察力。

第三个思维转变：不再热衷寻找事物的因果关系，而热衷寻找事物的相关关系。在大数据时代，通过相关关系，可以更容易、更快速地分析事物，通过识别关联物来帮助人们分析和预测未来，如 A 和 B 经常一起发生，只需要观察 B 发生了，就可以在某种程度上预测 A 也发生了。相关关系虽然无法预知未来，但是只要能预测未来可能发生的事情，就已经极其珍贵了。

（2）大数据对于商业变革的作用

随着大数据的出现，数据的价值正在发生着重大变化，每个数据集都隐藏着某些未被发掘的价值。数据成为有价值的公司资产、重要的经济投入和新型商业模式的基石。数据的价值从最基本的用途转变为未来的潜在用途。它改变了人们看待和使用数据的方式，甚至迫使公司改变商业模式。亚马逊记录下客户购买的书籍和他们浏览过的页面，从而利用这些数据来为客户提供个性化的建议，Facebook（Meta 的前身）通过分析用户的"喜好"来确定最佳广告位。

判断数据的价值需要考虑到这些数据在未来可能被使用的方式，而不是考虑当前的用途。一些创新型企业就能够通过提取数据潜在的价值来获得巨大的收益。例如：Farecast 利用大量的机票销售数据来预测未来的机票；谷歌重复使用搜索关键词来监测流感的传播。信息对于市场交易来说是必不可少的。当数据的收集不再存在固有的局限性，技术发展到一定程度时，大量数据就可以被捕捉和记录。这些海量数据就成为公司的巨大竞争优势，分析并挖掘出这些数据潜在的商业价值将成为公司的新商业模式。

1.1.3　大数据的技术应用

随着大数据的不断发展，大数据的应用越来越广，帮助人们获取到真正有用的价值，为社会的发展做出更大的贡献。下面简单介绍大数据在不同场景的技术应用。

（1）社会服务

通过采集、处理、分析大量交通数据，能够为城市交通管理部门提供更准确、及时的交通信息，以优化城市道路的使用和管理，改善交通拥堵问题，提高城市交通效率和安全。例如，北京市交通委员会通过实时采集和分析城市的交通数据，开发出了"北京市智慧交通应用平台"，为公众提供实时路况、公交信息、停车场信息等服务。这个平台整合了交通数据、空气质量数据、气象数据等多个数据源，对数据进行清洗、分析、可视化展示，帮助城市交通管理部门预测拥堵情况、优化交通路线、指导城市交通规划。

（2）医疗服务

在对病人进行手术前可以先对病人进行一次身体扫描，大数据技术可以利用此次身体扫描的数据建立一个与病人一样的 3D 模型。医生在手术前可以先在机器上投射出来的 3D 模型上进行一次手术的排练，之后再对病人进行手术，这样可以大大提高手术成功率。AI 还可以记录多次的手术前的预演以及人们在手术过程中对它的运用，AI 代替医生对病人进行手术指日可待。AI 还能指导新手医生完成手术，提高医疗水平，解决百姓看病难的问题。

（3）气象领域

在以前，气象监测员采集地方空气数据需要到当地实地采集数据，使用这种方法收集的地方空气数据是很费人力、财力和物力的。有了大数据技术，只需在各个地方设置小型气象监测站，气象监测员只需要观察采集到的数据就可以监测到各处的空气质量，不用像以前那样东奔西跑，同时还可以监督向大气中排放污染物的企业。

大数据对于各行各业的渗透，极大地改变了社会生产方式和人们的生活方式，未来必将会产生重大而深远的影响。

1.2　数据分析简介

数据分析是对大量有序或者无序的数据进行信息整合、提取、展示等操作，通过这些操作将有用的信息提取出来，并总结数据的内在规律。在进行数据分析的过程中需要对数据进行各种处理和归类，只有采用正确的数据分析方法，才能减少在分析过程中所消耗的时间成本。本节主要讲解数据分析的基本流程、方法与技术。

1.2.1　数据分析的基本流程

数据分析是大数据处理流程的核心步骤。由于大数据的数据结构复杂，更多是非结构化数据，因此在使用数据之前有必要进行数据分析。数据分析的基本步骤包括明确思路和制订计划、数据采集、数据处理、数据分析、数据可视化和报告撰写。数据分析的流程如图 1-3 所示。

（1）明确思路和制订计划

清晰的数据分析思路是有效进行数据分析的首要条件，也是整个数据分析过程的起点。思路清晰，可为资料的收集、处理和分析提供明确的指导。明确思路之后，就可以开始制订计划。只有思路清晰，方案才能确定，分析才会更科学、更有说服力。

（2）数据采集

数据采集是按照一定的数据分析框架，采集与项目相关数据的过程。数据采集为数据分析提供资料和依据。采集的数据包括一手数据和二手数据。一手数据是指能直接获得的数据，如公司内部数据库；二手数据是指需要加工整理后获得的数据，如公开出版物中的数据。采集资料的来源主要有数据库、公开出版物、互联网、市场调查等。

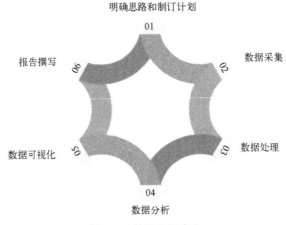

图 1-3　数据分析流程

（3）数据处理

数据处理就是将项目所需的资料收集进行处理，形成适合数据分析的方式。因为数据质量会直接影响数据分析的效果，所以数据处理是数据分析前必不可少的阶段。数据处理的基本目标就是从大量、混乱、难懂的数据中提取并导出有价值的、有意义的数据。数据处理主要包括数据清洗、数据转换、数据提取、数据计算等处理方法。

（4）数据分析

数据分析就是运用适当的分析方法和工具，对收集到和处理过的数据进行分析，提取出有价值的信息，形成有效结论的过程。如今，许多企业会选择使用专业的数据分析工具，并根据自己的需要进行分析。

（5）数据可视化

通过数据分析，隐藏在数据中的关系和规律将逐渐出现。此时，数据可视化形式的选择尤为重要。数据以表格和图形的形式呈现效果更佳，即用图表说话。

（6）报告撰写

数据分析报告是对整个数据分析过程的总结与呈现。数据分析的原因、过程、结果和建议通过报告完整呈现，供决策者参考。一个好的数据分析报告，不仅要有明确的结论、建议和解决方案，而且要图文结合、有层次，让读者一目了然。

1.2.2　数据分析的方法与技术

1. 数据分析方法

数据分析是从数据中提取有价值信息的过程，过程中需要对数据进行各种处理和归类，只有掌握正确的数据分析方法，才能起到事半功倍的效果。下面简单介绍几种数据分析方法。

（1）分类分析方法

分类是一种基本的数据分析方法，根据数据的特点，将数据对象划分为不同的部分和类型，然后再进一步分析，从而挖掘事物的本质。

（2）聚类分析方法

聚类分析根据数据对象的内在性质将数据划分成一些聚合类，每个聚合类中的元素具有相同的特性，不同的聚合类之间的特性相差较大或不同。

（3）回归分析方法

回归分析是一种广泛运用的统计分析方法，通过给定的因变量和自变量来确定变量之间的因果关系，从而建立回归模型，并根据实际测试的数据来求解模型中的各个参数，然后确定回归模型是否很好地拟合实际数据，如果可以很好地拟合，则可以根据自变量来进一步预测。

（4）相似匹配分析方法

相似匹配分析是通过一定的方法，来计算两个变量的相似程度，相似程度通常使用百分比来衡量。

（5）因果分析方法

因果分析方法是利用事物变换发展的因果关系来进行预测的数据分析方法。

2. 数据分析技术

图 1-4 显示的是大数据的主流技术体系。下面简单介绍两种常用的数据分析技术。

图 1-4　大数据主流技术体系

（1）Hive

Hive 是基于 Hadoop 的数据仓库工具。最初，Hive 是由 Facebook（Meta 的前身）团队开发的，后来移交给 Apache 软件基金会开发，并作为 Apache 的一个开源项目。Hive 可以将结构化数据映射为一张数据库表，并提供类 SQL（HiveQL）来进行查询功能。

Hive 最大的特点是通过类 SQL 进行分析数据，将 SQL 转变成 MapReduce 任务来执行，避免了编写 MapReduce 程序来分析数据，这样缩短了分析数据的时间，更加方便。由于 Hive 本身并不提供存储数据的功能，所以数据是存储在 HDFS 上的。Hive 提供的 HiveQL 不仅仅可以进行查询操作，还可以对数据仓库中的数据进行简要的分析与计算，所以 Hive 可以使已经存储的数据结构化。

（2）Spark

Spark 是加州大学伯克利分校的 AMP 实验室（UC Berkeley AMP Lab）所开发的类 MapReduce 的通用并行框架，是 Apache 中的一个开源项目。Spark 是一个快速、易用的，可实现复杂分析的通用大数据计算框架，它提供了一个比 Hive 更快的查询引擎，它依赖于自己的数据处理框架而不是 Hadoop 的 HDFS 服务。

Spark 是专门为大规模数据处理而设计的快速通用的计算引擎。Spark 包含了大数据领域中各种常见的计算框架，如 Spark Core 用于离线计算，Spark SQL 用于交互查询等。Spark 得到了众多大数据公司的支持，包括腾讯、百度、阿里、京东等。

1.3　数据采集简介

数据采集又称数据获取，是数据分析、挖掘的一个环节，在数据处理过程中是非常基本和重要的。再好的数据分析原理、建模算法，没有高质量的数据都无法应用的。本节主要讲解数据采集的方式、工具以及应用场景。

1.3.1　数据采集的三大方式及工具

数据采集（Data Acquisition，DAQ）又称数据获取，是利用一种或多种装置，从系统外部采集数据并输入到系统内部的过程。大数据的采集主要使用以下三类采集方式。

- 系统日志文件采集。日志文件是由系统自动生成的记录性文件，通常用于所有的计算机系统，对于系统日志文件的采集，可以使用数据采集工具，目前常用的开源日志采集系统有 Apache Flume、Apache Kafka、Facebook Scribe 等。
- 网络数据采集。对于互联网大数据的采集，通过网络爬虫技术和一些网站平台上提供的 API 采集数据。目前网络上有很多开源的网络爬虫技术，如 Python、Apache Nutch、Scrapy 等。
- 数据库数据采集。在企业内部每时每刻都在产生业务数据，在这些业务流程中所产生的复杂数据通过二维表格的形式存储到数据库中。一些企业使用传统的关系数据库 MySQL 和 Oracle 等来存储数据，除此之外，Redis 和 MongoDB 这样的 NoSQL（泛指非关系数据库）也常用于数据存储。对于数据库数据的采集，可以利用提取-转换-加载（Extract-Transform-Load，ETL）工具进行采集或通过相关 API 进行源数据库和目标数据库链接来同步数据。

大数据的数据来源多种多样，如何从大数据信息中采集出有用的信息是关键。为了高效地采集大数据，依据采集环境及数据类型选择适当的大数据采集方法及工具至关重要。大数据采集工具主要有 Apache Flume、Apache Kafka、Scrapy、ETL 工具、Hadoop Chukwa 以及 Python 等，这些工具可以满足大规模数据采集的需求。下面简单介绍几种采集工具，其他主流的采集工具会在后面章节中详细介绍。

（1）Flume

Flume 最早是 Cloudera 公司发布的实时日志采集系统，是 Apache 的一个孵化项目。

Apache Flume 是一个分布式、可靠的服务，它用于采集、聚合传输大量的日志文件。Flume 提供了从控制台信息传入（Console）、进程间通信（RPC）、文件（Text）、Syslog 日志系统（支持 TCP 和 UDP）等数据源上收集数据的能力。Flume 的核心角色是代理（Agent），即 Flume 分布式系统实际上是由多个 Agent 连接而成的。网络日志（Web Logs）作为数据源经由 Flume 的管道架构被存储到分布式文件系统（Hadoop Distributed File System，HDFS）中，过程如图 1-5 所示。Flume 具有可靠性、可扩展性、可管理性及功能可扩展性四个特性。当前 Flume 有两个版本，Flume 0.9X 的版本统称为 Flume-og，Flume 1.X 的版本统称为 Flume-ng，其中 Flume-ng 经过重大重构，与 Flume-og 有很大不同，使用时请注意区分。有关 Flume 的知识会在第 3 章详细介绍。

图 1-5　Flume 的管道架构

（2）Kafka

Kafka 最初由 Linkedin 公司开发，于 2010 年成为 Apache 的开源项目。Kafka 是一个支持分区（Partition）、多副本（Replica）、基于 ZooKeeper 协调的分布式消息实时采集系统，具有高吞吐量、高容错性、访问速度快等特性。Kafka 的最大特性就是可以实时处理大量数据以满足各种场景需求，如基于 Hadoop 的批处理系统、低延迟的实时系统、Storm/Spark 流式处理引擎、Web/Nginx 日志、访问日志，消息服务等。Kafka 不仅可以用于数据采集，还可以应用于用户活动追踪、数据处理等应用场景。Kafka 经常用到的消费模式有点对点模式、发布/订阅模式。有关 Kafka 的知识会在第 4 章详细介绍。

（3）Scrapy

Scrapy 是典型的网络数据采集框架，是为了爬取网站数据、提取结构性数据而设计的爬虫开发框架。它提供了多种类型爬虫的基类，如 BaseSpider、sitemap 爬虫等。由于 Scrapy 实现了爬虫程序的大部分通用工具，所以用 Scrapy 开发爬虫项目既简单又方便，任何人都可以根据需求进行修改。Scrapy 由爬虫引擎（Scrapy Engine）、调度器（Scheduler）、下载器（Downloader）、爬虫（Spiders）、项目管理（Item Pipeline）、下载器中间件（Downloader Middlewares）、爬虫中间件（Spider Middlewares）7 个组件组成，Scrapy 网络爬虫框架如图 1-6 所示，其中爬虫引擎负责控制数据流在爬虫、项目管道、下载器、调度器之间的通信、数据传递等，并在相应动作触发事件。调度器负责接收爬虫引擎发送过来的请求（Requests），并按照一定的方式整理排列、入队。下载器负责下载调度器发送的所有 Requests，并将其获取的 Responses 交还给爬虫引擎。爬虫是用户编写的爬虫程序，用于分析 Responses，从中提取 Items 字段需要的数据，并将需要跟进的 URL 提交给爬虫引擎，再次进入调度器。项目管道负责处理爬虫获取的项目，并进行后期处理。下载中间件是爬虫引擎与下载器之间的特定钩子（Specific Hook），处理下载器传递给爬虫引擎的 Responses。爬虫中间件是爬虫引擎与爬虫之间的特定构造，处理爬虫的输入（Responses）和输出（Items 及 Requests）。有关 Scrapy 的知识会在第 6 章详细介绍。

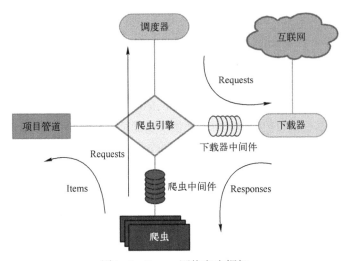

图 1-6　Scrapy 网络爬虫框架

（4）ETL 工具

ETL 就是数据抽取（Extract）、数据转换（Transform）、数据加载（Load）的过程。ETL 工具将各种不同形式和来源的数据经过抽取、数据清洗，最终按照预先定义好的数据模型，将数据加载到数据仓库，从而整合分散、零乱、标准不统一的数据，便于后续的分析、处理和使用。ETL 体系结构如图 1-7 所示。

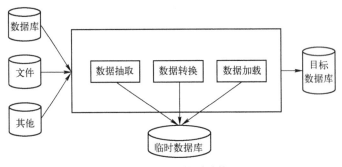

图 1-7　ETL 体系结构

（5）Chukwa

Chukwa 是一个开源的、用于监控大型分布式系统的数据收集系统，构建在 Hadoop 的 HDFS 和 Map/Reduce 框架之上，继承了 Hadoop 的可伸缩性和鲁棒性。Chukwa 内置了一个功能强大的工具箱，用于显示系统监控和分析结果。Chukwa 旨在为分布式数据收集和大数据处理提供一个灵活、强大的平台，这个平台不仅实时可用，而且能够与时俱进地利用更新的存储技术（如 HDFS、Hbase 等）。有关 Chukwa 的知识会在第 5 章中详细介绍。

（6）MySQL

MySQL 由瑞典 MySQL AB 公司开发，属于 Oracle 旗下产品。MySQL 是最流行的关系型数据管理系统之一。MySQL 是开源的，一般中小型和大型网站的开发都选择 MySQL 作为网站数据库。MySQL 可以处理拥有上千万条记录的大型数据库。MySQL 还可以允许在多个系统上运行，并且支持多种语言，如 C、C++、Java 等。MySQL 架构自顶向下大致可以分网络连接层、服务层、存储引擎层和系统文件层，如图 1-8 所示。网络连接层包括客户端连接器（Client Connectors），提供客户端与 MySQL 服务器建立连接的支持。服务层是 MySQL Server 的核心，主要包含系统管理和控制工具（Management Services & Utilities）、连接池（Connection Pool）、SQL 接口（SQL Interface）、解析器（Parser）、查询优化器（Optimizer）和缓存（Cache & Buffer）六个部分。存储引擎层负责 MySQL 中的数据存储和提取，与底层系统文件进行交互。目前最常见的存储引擎有 MyISAM 和 InnoDB。系统文件层负责将数据库的数据和日志存储在文件系统之上，并完成与存储引擎的交互，是文件的物理存储层。

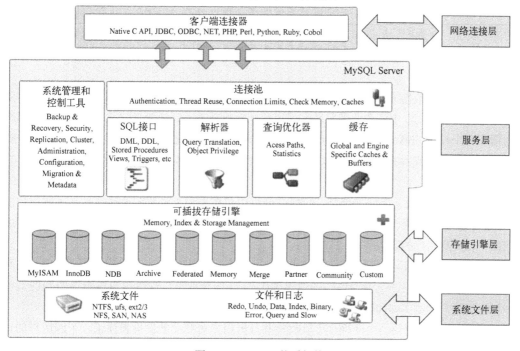

图 1-8　MySQL 体系架构

1.3.2　数据采集的应用场景

在大数据时代，数据是最坚实的基础，大数据价值的实现正是从数据采集开始的。有了大数据平台的支撑，人们可以对数据进行更加密集的采集，从而更加精确地获取事件的全部数据。数据采集方式也由以往的被动采集转变为主动采集。下面简要介绍几种数据采集的应用场景。

（1）医疗领域

在医疗领域，数据采集可以帮助医护人员更好地了解病患的健康状况，提高医疗服务的质量和效率。下面介绍一个在医疗领域的数据采集的应用场景。健康监测手环是一种戴在手腕上的智能设备，可以通过感应器和算法对人的健康状况进行实时监测和分析。健康监测手环通过采集各种生理参数，例如心率、血氧、血压、体温、步数、睡眠情况等，为医疗机构提供了更全面的病患健康状况信息，帮助医护人员更好地了解病患的健康状况，并及时做出相应的治疗和护理计划。健康监测手环采集的数据主要有以下几个方面。

1）生理参数。健康监测手环通过采集病患的生理参数，如心率、血氧、血压、体温等，可以帮助医护人员了解病患的生理状况，及时采取相应的治疗措施。

2）运动量。健康监测手环可以记录病患的运动量，包括步数、消耗的卡路里等。这些数据可以帮助医护人员了解病患的身体活动情况，有助于制定适合病患的康复计划。

3）睡眠情况。健康监测手环可以记录病患的睡眠情况，包括入睡时间、醒来时间、睡眠质量等。这些数据可以帮助医护人员了解病患的睡眠情况，及时发现睡眠问题并采取相应的治疗措施。

健康监测手环采集的数据需要进行数据预处理和数据分析，以便医护人员可以更好地理解病患的健康状况。在数据分析方面，医护人员可以利用机器学习和数据挖掘等技术对手环采集的数据进行分析，从而更好地了解病患的健康状况，制定更加个性化的治疗和康复计划。

（2）电商领域

在电商领域，数据采集是非常重要的一环。随着电商市场的快速发展，消费者对商品和服务的需求越来越多样化，电商企业需要通过采集和分析数据来了解消费者的需求和行为，从而提供更加精准和个性化的商品和服务。以下是一个在电商领域的数据采集应用场景的例子：一家电商企业想要优化其商品推荐系统，以提高用户的满意度和销售额。该企业可以通过以下方式采集数据。

1）用户浏览记录。电商平台可以收集并分析用户在平台上浏览的商品信息，了解用户的偏好和需求。例如，如果一个用户经常浏览某个品牌的商品，该企业可以向该用户推荐该品牌的其他商品，以提高用户的购买率。

2）用户购买记录。电商平台可以收集并分析用户的购买记录，了解用户的购买习惯和喜好。例如，如果一个用户经常购买某个类别的商品，该企业可以向该用户推荐该类别的其他商品，以提高用户的购买率和满意度。

3）用户评价和评论。电商平台可以收集并分析用户对商品的评价和评论，了解用户的评价和需求。例如，如果一个商品得到了很高的评价和好评，该企业可以向其他用户推荐该商品，以提高销售额和客户满意度。

4）竞品分析。电商平台可以收集并分析竞品的数据，了解市场趋势和竞争对手的策略。例如，如果竞争对手的某个商品得到了很高的销售额和好评，该企业可以借鉴其成功经验，提高自己的商品质量和服务水平。

通过采集和分析数据，电商企业可以了解消费者的需求和行为，提供更加精准和个性化的商品和服务，提高客户满意度和销售额。

1.4　数据预处理简介

在工程实践的过程中，获取的源数据大部分都是"脏"数据，这样的数据不符合人们的需求，比如数据中存在有缺失值、重复值等，所以在使用这些数据之前需要进行数据预处理，来达到人们对于数据的使用要求，如数据一致性、准确性、完整性、可信性等。

1.4.1　数据预处理的目的与意义

数据预处理（Data Preprocessing）是指在主要的数据处理之前对数据进行的一些处理，旨在解决数据中存在的问题，为后续的分析和建模提供高质量的数据。经过采集得到的原始数据主要有以下问题。

- 杂乱性。由于原始数据是从多个不同的系统之中获取的，不同的系统的数据有着不统一的定义和标准，数据结构也有较大的差距，所以原始数据存在较大的不一致性，往往是不可直接使用的。
- 不完整性。在实际系统设计和使用的过程中，会存在人为因素造成数据属性的丢失或者不确定的情况，还可能会由于缺少关键的数据而造成数据的不完整性。
- 冗余性。对于同一客观事物在数据库中存在其两个或两个以上完全相同的物理描述。由于应用系统实际使用中的一些问题，几乎所有应用系统中都存在数据的重复和信息的冗余现象。

要使挖掘算法挖掘出有效的知识，必须为其提供干净、准确、简洁的数据。为了解决原始数据存在的问题，数据预处理成为大数据处理的重要一环。数据预处理可以改善数据的质量，提高数据挖掘过程中的准确率和效率，为大数据提供干净、准确、高质量的数据集，从而减少之后数据处理的工作量，提高处理效率。

1.4.2　数据预处理的流程

数据预处理主要有以下几个流程：数据清洗、数据集成、数据归约和数据变换。下面分别对这些流程进行简要说明。

1. 数据清洗

数据清洗是通过对"脏"数据进行分类、回归等处理，使原始数据经过清洗变得更合理。数据清洗是将重复、多余的数据筛选清除，将缺失的数据补充完整、错误的数据纠正或删除，最后将其整理成可以进一步加工、使用的数据。这里介绍噪声数据的处理、空缺值的处理和清洗"脏"数据。

（1）噪声数据的处理

噪声是一个测量变量中的随机错误和偏差，包括错误的值或偏离期望的孤立点值。对于噪声数据有如下几种处理方法：分箱，回归，聚类。

1）分箱。分箱方法通过考察数据的"近邻"（即周围的值）来光滑有序数据的值，有序值分布到一些"桶"或箱中。将数据进行分箱或离散化处理，将一些连续的数值型变量离散为类别型变量，以降低数据中的噪声干扰。由于分箱方法考察近邻的值，因此常进行局部光滑。常用的分箱技术有用箱均值光滑、用箱边界光滑、用箱中位数光滑。

2）回归。通过建立回归模型，对噪声数据进行预测和修正。线性回归涉及找出拟合两个属性（或变量）的"最佳"线，使得一个属性可以用来预测另一个。多元线性回归是线性回归的扩展，其中涉及的属性多于两个，并且可以将数据拟合到一个多维曲面。

3）聚类。通过聚类检测离群点，聚类是将相似的值组织成群或"簇"，落在簇集合外的值被称为孤立点值。通过聚类模型，将数据进行分组和分类，将噪声数据和异常值识别为单独的群组，并进行处理和修正。

（2）空缺值的处理

目前最常用的处理空缺值的方法是使用最可能的值进行填充，如用一个全局常量替换空缺值，使用属性的平均值填充空缺值或将所有元组按照某些属性分类，然后用同一类中属性的平均值填充空缺值。例如一个公司职员平均工资收入为 3000 元，则使用该值替换工资中"基本工资"属性中的空缺值。

（3）清洗"脏"数据

异构数据源数据库中的数据并不都是正确的，不可避免地存在着不完整、不一致、不精确和重复的数据，往往使挖掘过程陷入混乱，导致不可靠的输出。清洗"脏"数据可采用以下几种方法：专门的程序、采用概率统计学远离查找数值异常的记录、手工对重复记录的进行检测和删除。

2. 数据集成

数据集成是把不同来源、格式、性质的数据集合并在一起，形成一致的数据存储。这些数据源可能包括多个数据库、数据立方体或一般文件。数据集成有以下三个主要问题。

（1）实体识别问题

在数据集成时，来自多个数据源的现实世界的实体有时并不一定是匹配的，例如：数据分析者如何才能确信一个数据库中的 student_id 和另一个数据库中的 stu_id 值是同一个实体。通常可以根据数据库或者数据仓库的元数据来区分数据集成中的错误。

（2）冗余问题

数据集成往往导致数据冗余，如同一属性多次出现，同一属性命名不一致等，对于属性间的冗余可以用相关分析检测，然后删除。有些冗余可以被相关分析检测到，例如通过计算属性 A、B 的相关系数（皮尔逊积矩系数）来判断是否冗余；对于离散数据，可通过卡方检验来判断两个属性 A 和 B 之间的相关联系。

（3）数据值冲突问题

对于现实世界的同一实体，来自不同数据源的属性值可能不同，这可能是因为表示、比例，或编码、数据类型、单位不统一、字段长度不同。

3. 数据归约

数据归约是在挖掘数据内容本身的基础之上，寻找目标数据的应用特征，在尽可能保持数据不变的前提下，最大限度地精简数据量。常见的数据归约方法有维归约、数据压缩、数值归约、概念分层及数据离散化等，这里主要对前四种方法进行介绍。

（1）维归约

维归约（Dimensionality Reduction）是指通过删除不相关的属性或者将高维数据映射到低维空间来减少数据的维度，从而达到降低数据复杂度和提高数据处理效率的目的。在实际应用中，数据的维度往往非常高，而且很多属性之间是高度相关的，这会导致数据处理过程变得非常复杂和耗时。因此，维归约是数据预处理中非常重要的一环。

（2）数据压缩

数据压缩分为无损压缩和有损压缩，比较流行和有效的有损数据压缩方法是小波变换和主要成分分析，其中小波变换对于稀疏或倾斜数据以及具有有序属性的数据有很好的压缩效果。

（3）数值归约

数值归约通过选择替代的、较小的数据表示形式来减少数据量。数值归约技术可以是有参的，也可以是无参的。有参方法是使用一个模型来评估数据，只需存放参数，而不需要存放实际数据。有参的数值归约技术有两种，回归（线性回归和多元回归），对数线性模型（近似离散属性集中的多维概率分布）。无参的数值归约技术有三种：直方图、聚类、选样。

（4）概念分层

通过收集并用较高层的概念替换较低层的概念来定义数值属性的一个离散化。概念分层可以用来归约数据，通过这种概化尽管细节丢失了，但概化后的数据更有意义、更容易理解，并且所需的空间比原数据少。对于数值属性，由于数据的可能取值范围的多样性和数据值的更新频繁，所以概念分层是困难的。数值属性的概念分层可以根据数据的分布自动构造，如用分箱、直方图分析、聚类分析、基于熵的离散化和自然划分分段等技术生成数值概念分层。由用户专家在模式级（指在形成概念分层时，将属性的部分序或全序的信息以一定的层次结构进行展示和组织的级别）显式地说明属性的部分序或全序，从而获得概念的分层；只说明属性集，但不说明它们的偏序，由系统根据每个属性不同值的个数产生属性序，自动构造有意义的概念分层。

4．数据变换

数据变换是将数据转化为适合挖掘的形式，常用的数据变换的方法包括光滑数据、数据聚集、数据泛化、数据规范化、属性构造等，具体如下。

- 光滑数据：去掉数据的噪声，这类技术包括分箱、回归和聚类等。
- 数据聚集：对数据进行汇总或聚集。例如，可以通过聚集日销售数据，计算月或年销售数据。这一步通常用来为多粒度数据分析构造数据立方体。
- 数据泛化：使用概念分层，用高层概念（如青年、中年和老年）替换底层或"原始"数据（如年龄数值）。
- 数据规范化：又称为归一化，特征缩放（Feature Scaling）。将属性数据按比例缩放，使之落入一个小的特定区间。规范化方法有以下几种。

① 最小-最大规范化：$v'=[(v-min)/(max-min)]*(new\_max-new\_min)+new\_min$，其中 v 是属性数据的原始值，max 是属性数据的最大值，min 是属性数据的最小值，new_max 是规范化后属性数据的最大值，new_min 是规范化后属性数据的最小值，v' 是规范化后的属性数据值。

② z-score 规范化（或零均值规范化）：$v'=(v-E)/\sigma$，其中 v 是属性数据的原始值，E 是属性 A 的均值，σ 是属性 A 的标准差，v' 是规范化后的属性数据值。

③ 小数定标规范化（Decimal Scaling Normalization）：$v'=v/10^j$，其中 j 是使 $max(|v'|)<1$ 的最小整数，v 是属性数据的原始值，v' 是规范化后的属性数据值。

- 属性构造（或特征构造）：可以构造新的属性并添加到属性集中，以帮助挖掘过程。

1.4.3　数据预处理的工具介绍

目前主要有 Python、ETL 工具 Kettle、Pig、OpenRefine 等数据预处理工具。下面简单介绍前三种数据预处理工具。

（1）Python

Python 由荷兰数学和计算机科学研究学会的吉多·范罗苏姆于 20 世纪 90 年代初设计。Python 提供了高效的高级数据结构，还能简单有效地面向对象编程。Python 解释器易于扩展，可以使用 C 语言或 C++（或者其他可以通过 C 调用的语言）扩展新的功能和数据类型。Python 是一种代表简单主义思想的语言，它使程序员能够专注于解决问题而不是去搞明白语言本身。Python 的风格清晰划一、强制代码进行缩进。

Python 在数据分析和交互、探索性计算以及数据可视化等方面都有非常成熟的库和活跃的社区，让 Python 成为重要的应用工具。在数据处理和分析方面，Python 拥有 Numpy、Matplotlib、Pandas、Scipy 等库，在科学计算方面也十分占有优势。由于 Python 语言的简洁性、易读性以及可扩展性，使用 Python 做科学计算的研究机构日益增多，一些知名大学也已经采用 Python 来讲授程序设计课程，例如卡内基梅隆大学的编程基础、麻省理工学院的计算机科学及编程导论就使用 Python 语言讲授。众多开源的科学计算软件包都提供了 Python 的调用接口，例如著名的计算机视觉库 OpenCV、三维可视化库 VTK、医学图像处理库 ITK。而 Python 专用的科学计算扩展库就更多了。具体有关 Python 进行数据预处理的知识会在第 7 章详细介绍。

（2）ETL 工具 Kettle

Kettle 是开源的 ETL 工具，用 Java 开发，可以在 Windows、Linux 上运行。Kettle 允许用户管理来自不同数据仓库的数据集，它有两种脚本文件：Transformation 和 Job，其中 Transformation 脚本文件完成针对数据类型的转换，Job 脚本文件完成对整个工作流的控制。Transformation 与 Job 的差别是 Transformation 专注于数据，而 Job 的范围很广，可以是 Transformation，也可以是 SQL、Shell 等，甚至可以是另一个 Job。

Kettle 的核心组件有 Spoon、Pan、Chef、Kitchen。其中 Spoon-转换（Transform）设计工具（GUI 方式），允许使用图形化界面来设计 ETL 的转化过程。Pan-转换（Transform）执行器（命令行方式），允许使用命令行的形式来执行 Spoon 编辑的转换和作业。Chef-工作（Job）设计器（GUI 方式），允许用户创建任务（工作），且任务允许数据转换、脚本等。Kitchen-工作（Job）执行器（命令行方式），允许批量执行 Chef 设计的任务，如图 1-9 所示。具体有关 Kettle 的知识会在第 8 章详细介绍。

（3）Pig

Pig 是一个基于 Apache Hadoop 的大型数据集分析平台，允许通过对分布式数据集进行类 SQL 的查询，Pig 提供的 SQL-LIKE 语言是 PigLatin。Pig 通过将类 SQL 数据分析请求转换为一系列经过优化处理的 MapReduce 运算，从而简化 Hadoop 的使用。Pig 为 Hadoop 提供了一种更加接近结构化查询的接口。所以当从大规模数据集中进行查询时，采用 Pig 会比 MapReduce 更具有优势。

Pig 使用了一种面向数据流的编程语言 PigLatin。它支持 6 种基本数据类型以及 3 种复合类型（Map、Tuple、Bag）。PigLatin 语言与传统的数据库操作非常相似，但是它更侧重查询与分析操作。使用 PigLatin 语言时，程序员无须关注运行效率，系统会自动以最优的方式运行。具体有关 Pig 的知识会在第 9 章详细介绍。

Kettle家族四大工具

Spoon
允许你通过图形界面来
设计ETL转换过程
(Transformation)

Pan
Pan是一个后台执行的
程序，没有图形界面，
类似于时间调度器

Chef
任务允许数据转换、
脚本等，更有利于
自动化更新数据仓
库的复杂工作

Kitchen
批量使用由Chef设计
的任务

图 1-9　Kettle 四大核心组件

习题

1. 简述什么是大数据？
2. 大数据有什么特点？
3. 简述数据分析的基本流程，并说明各流程完成的任务。
4. 列举几例数据采集的应用场景？
5. 数据预处理的工具有哪些？

第2章 大数据开发环境的搭建

本章主要介绍大数据开发所需基本环境的搭建，包括 Python 解释器的安装、JDK 的安装、MySQL 数据库的安装和配置、Hadoop 平台的安装和配置，并介绍了用 Java 和 Python 在 Hadoop 集群上运行程序的实践案例，帮助读者初步了解大数据开发环境。

2.1 安装 Python 与 JDK

大数据开发需要编程语言基础，Java 和 Python 是大数据领域应用最广泛的两种语言。主流的大数据框架都离不开 Java 平台，如 Hadoop、Spark、Kafka 等，Java 在大数据生态中具有重要的地位。而 Python 拥有丰富的类库支持，开发人员能够利用这些库进行数据采集和数据处理。

2.1.1 Java 和 Python 概述

Java 是一种广泛使用的编程语言，它是由詹姆斯·高斯林（James Gosling）等人于 1995 年研发。Java 常运用于 Web 应用开发、移动应用开发和大数据开发。

Java 具有跨平台、面向对象、自动垃圾回收三个主要特性。

- 跨平台使得用 Java 语言编写的程序可以在编译后不用经过更改，就能在任何硬件设备条件下运行。这个特性让 Java 做到了"一次编译，到处运行"。
- "面向对象"的核心之一就是开发者在设计软件的时候可以使用自定义的类型和关联操作。面向对象设计让大型软件工程的计划和设计变得更容易管理。
- 在自动垃圾回收机制下，对象的创建和放置都是在存储器堆栈上面进行的。当一个对象没有任何引用的时候，Java 的自动垃圾收集机制就发挥作用，自动删除这个对象所占用的空间，释放存储器以避免存储器泄漏。

Java 程序的执行与其他编译型语言和解释型语言不同，Java 引入了虚拟机的概念，如图 2-1 所示，在物理机器和程序之间加入了一层抽象的虚拟机。这台虚拟的机器在任何平台上都提供给编译程序一个共同的接口。编译程序只需要面向虚拟机，生成虚拟机能够理解的字节码，然后由解释器来将字节码转换为特定系统的机器码执行。

Python 是一种面向对象的解释型编程语言，由吉多·范罗苏姆（Guido van Rossum）于 1989 年发明。Python 支持多种编程范型，包括函数式、指令式、反射式、结构化和面向对象编程。Python 常运用于自动化运维、数据采集和数据处理、云计算等领域。

Python 具有如下特点。

- 简单易学。Python 语法简洁，强调代码的可读性，尤其是使用空格缩进划分代码块。与 Java 相比，Python 让开发者能够用更少的代码表达想法。
- 类库丰富。它的语言结构以及面向对象的方法旨在帮助程序员为小型和大型项目编写清晰的、合乎逻辑的代码。Python 标准库非常庞大，覆盖了网络、文件、GUI、数据库、文本等各种操作。用 Python 开发，许多功能不必从零编写，直接使用现成的库即可。除此之外，Python 还有许多第三方库，可供用户直接使用。常用的 Python 第三方库包括数据可视化库（Matplotlib），数值计算功能库（NumPy），数学、科学、工程计算功能库（SciPy），数据分析高层次应用库（Pandas）、网络爬虫功能库（Scrapy）等。

- 免费开源。Python 开发者可以自由地发布软件的复制，阅读它的源代码，对它做改动，或者把它的一部分用于新的自由软件中。

Python 程序执行过程中，操作系统首先允许 CPU 将 Python 解释器的程序复制到内存中。Python 解释器可以根据语法规则从上到下翻译 Python 程序中的代码。图 2-2 显示的是 Python 源代码跨平台运行的原理。

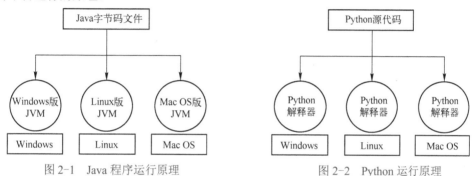

图 2-1　Java 程序运行原理　　　　图 2-2　Python 运行原理

2.1.2　Python 的安装与配置

本书使用安装在 Linux 下的 Python 3.7.0，具体安装步骤如下。

1）从 Python 官方网站下载对应版本，保存到/opt/software 目录下，执行如下指令解压安装包：

```
tar -zxvf Python-3.7.0.tgz -C /opt/module/
```

2）在编译之前，执行以下命令准备好编译环境：

```
yum install -y libffi-devel zlib-devel bzip2-devel openssl-devel ncurses-devel sqlite-devel readline-devel tk-devel zlib gcc make libpcap-devel xz-devel gdbm-devel
```

3）保存安装包到/opt/software 目录下，并在该目录下执行如下指令解压安装包：

```
cd /opt/software/
tar -zxvf Python-3.7.0.tgz
```

4）进入解压好的目录，依次执行以下指令，完成安装：

```
cd /opt/software/Python-3.7.0
./configure
make
make install
```

5）执行以下命令创建软链接：

```
ln -s /usr/local/bin/python3 /usr/bin/python3
```

6）可以使用以下命令测试 Python 是否安装成功：

```
python3 -V
```

如果输出如图 2-3 所示的信息，表示安装成功。

```
[root@hadoop105 bin]# python3 -V
Python 3.7.0
```

图 2-3　Python 版本信息

2.1.3　JDK 的安装与配置

Java 开发工具包（Java Development Kit，JDK）是提供给 Java 开发人员使用的。它提供了 Java 的开发工具、编译、运行 Java 程序所需的各种工具和资源，包括 Java 编译器、Java 运行环境（Java Runtime Environment，JRE），以及常用的 Java 类库等。而 Java 虚拟机（Java Virtual Machine，JVM）是 JRE 的一部分，是整个 Java 实现跨平台的最核心部分，负责解释执行字节码文件，是可运行 Java 字节码文件的虚拟计算机。在开发过程中，安装了 JDK 就不需要单独安装 JRE 和 JVM。图 2-4 显示了 JDK、JRE 和 JVM 三者的关系。

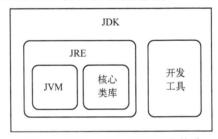

图 2-4　JDK、JRE、JVM 三者关系

本书使用 Java 的版本为 1.8.0，具体安装步骤如下。

1）从官方网站下载安装包，放在 /opt/software 目录下，执行以下命令解压安装包到 /opt/module 目录下：

```
cd /opt/software/
tar -zxvf jdk-8u212-linux-x64.tar.gz -C   /opt/module
```

2）编辑 /etc/profile 文件，配置环境变量：

```
vim /etc/profile
```

3）在文件尾部追加以下内容：

```
export JAVA_HOME=/opt/module/jdk1.8.0_212
export PATH=$JAVA_HOME/bin:$PATH
```

4）保存文件后执行脚本，使环境变量生效：

```
source /etc/profile
```

5）可以使用如下命令测试 JDK 是否安装成功：

```
java -version
```

控制台输出如图 2-5 所示的信息，表示安装成功。可以看到，当前 Java 版本为 1.8.0_212。

```
[root@hadoop106 module]# java -version
java version "1.8.0_212"
Java(TM) SE Runtime Environment (build 1.8.0_212-b10)
Java HotSpot(TM) 64-Bit Server VM (build 25.212-b10, mixed mode)
[root@hadoop106 module]#
```

图 2-5　Java 版本信息

2.1.4　Python 与 Java 的 IDE 介绍

集成开发环境（Integrated Development Environment，IDE）是用于提供程序开发环境的应用程序，一般包括代码编辑器、编译器、调试器和图形用户界面等工具。用户使用 IDE 进行软件开发，能够加快开发速度，提高软件开发的科学性。

1．PyCharm

PyCharm 是一个用于计算机编程的集成开发环境，主要用于 Python 语言开发，由 JetBrains 软件公司开发，提供代码分析、图形化调试器、集成测试器、集成版本控制系统。PyCharm 是一个跨平台开发环境，拥有 Windows、Mac OS 和 Linux 版本。PyCharm 社区版在 Apache 许可证下发布，另外还有专业版在专用许可证下发布，其拥有许多额外功能。

PyCharm 拥有代码分析与辅助功能，可以补全代码、高亮语法和提示错误。它还具有专门的项目视图，文件结构视图和文件、类、方法和用例的快速跳转。PyCharm 集成了 Python 调试器、单元测试和版本控制系统。图 2-6 显示的是 PyCharm 的程序界面。

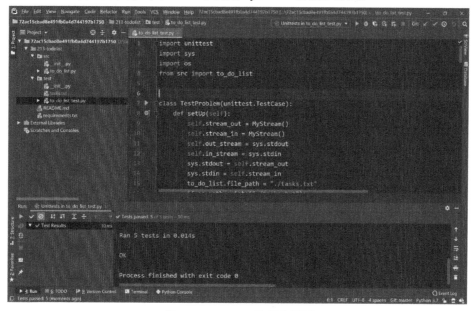

图 2-6　PyCharm 的程序界面

2．IDEA

IDEA 是一种商业化销售的 Java 集成开发环境工具软件，由 JetBrains 软件公司开发，提供 Apache 2.0 开放式授权的社区版本以及专有软件的商业版本，开发者可根据需求来下载使用。IDEA 最突出的优点是调试功能，它能够对 JavaScript、Java 代码、Ajax、JQuery 等多种技术进行调试。另外，IDEA 拥有更好的项目管理方式，IDEA 当中的 Project 是一个完整的工程，有着统一的全局库，也能够正确的相互依赖，将原来为了方便开发的模块整合到一起进行管理。图 2-7 显示的是 IDEA 界面。

图 2-7　IDEA 界面

2.2　MySQL 数据库的安装与配置

数据库（DataBase）是按照数据结构来组织、存储和管理数据的仓库。数据库是一个数据的集合，其本质是一个文件系统，以文件的方式，将数据保存在计算机上。数据库是由数据库管理系统（Database Management System，DBMS）来管理和操作的。MySQL 是一种关系型数据库管理系统，关系数据库将数据保存在不同的表中，而不是将所有数据放在一个大仓库内，这样就增加了数据的存取速度并提高了灵活性。本节介绍 MySQL 的安装配置和基本使用。

2.2.1　SQL 概述

结构化查询语言（Structured Query Language，SQL）是一种专门用来与数据库沟通的语言，是关系数据库的标准语言。SQL 的设计目的是为了提供一种数据库中读写数据的简单有效的方法。

SQL 有以下几个方面的特点。

- SQL 是所有关系型数据库的通用语言。SQL 不是为某个数据库特定设计的语言，而是一种绝大多数数据库都遵循的标准语言，它具有强大的可移植性，只需稍作改动就可以用来操作其他数据库。
- 简单易学。它的语句都是由一些容易理解的词汇组成，语法接近自然语言，这使得用户很容易就能掌握 SQL。
- 功能强大。SQL 的功能不仅是查询，还包括数据的插入、删除、修改以及数据库定义等一系列功能，可以进行非常复杂和高级的数据库操作。

按照 SQL 语句实现的不同功能，常用的 SQL 可以分为四大类：数据查询语言（Data Query Language，DQL）、数据操作语言（Data Manipulation Language，DML）、数据定义语言（Data Definition Language，DDL）和数据控制语言（Data Control Language，DCL）。数据查询语言主要用于查询数据，它是 SQL 中使用频率最高的一类。数据操作语言用于操作表中的数据，包括数据的插入、删除、修改。数据定义语言用于操作表，包括表的创建、删除和修改。而数据控制语言用于对数据访问权进行控制。

2.2.2　安装 MySQL 数据库

从 MySQL 官方网站下载 MySQL 在 Linux 下的安装包，本书采用的 MySQL 的版本号为 5.7.26，安装 MySQL 数据库的步骤如下。

1）复制安装包到/opt/software/mysql 目录下，解压安装包：

```
tar -xvf mysql-5.7.26-1.el7.x86_64.rpm-bundle.tar
```

2）依次执行以下命令，完成 MySQL 的安装：

```
rpm -ivh mysql-community-common-5.7.26-1.el7.x86_64.rpm
rpm -ivh mysql-community-libs-5.7.26-1.el7.x86_64.rpm
rpm -ivh mysql-community-client-5.7.26-1.el7.x86_64.rpm
rpm -ivh mysql-community-server-5.7.26-1.el7.x86_64.rpm
```

3）启动 MySQL 服务：

```
systemctl start mysqld.service
```

4）MySQL 安装成功后，系统会自动给 root 用户设置一个初始化密码，执行下面命令查看初始化密码：

```
sudo cat /var/log/mysqld.log | grep password
2022-08-23T12:09:48.247006Z 1 [Note] A temporary password is generated for
root@localhost: jT*J6&wX%Ax6
```

5）利用初始化密码登录 MySQL：

```
mysql -u root -p
```

出现如图 2-8 所示的信息说明 MySQL 登录成功。

```
[root@hadoop106 mysql]# mysql -u root  -p
Enter password:
Welcome to the MySQL monitor.  Commands end with ; or \g.
Your MySQL connection id is 4
Server version: 5.7.26

Copyright (c) 2000, 2019, Oracle and/or its affiliates. All rights reserved.

Oracle is a registered trademark of Oracle Corporation and/or its
affiliates. Other names may be trademarks of their respective
owners.
```

图 2-8　MySQL 登录成功提示

6）随机密码仅用于首次登录，成功进入数据库后需要修改密码，执行以下指令为 root 用户设定新的密码：

```
mysql> set password for 'root'@'localhost'=password("新的密码");
mysql> sflush privileges;
```

7）退出 MySQL：

```
mysql> Exit
```

8）使用新的密码重新登录 MySQL：

```
mysql -u root  -p
```

2.2.3　MySQL 数据库的基本使用

接下来通过一个实例介绍 MySQL 的基本使用。创建一个用来存储员工信息的数据库，将表 2-1 中的数据写入数据中，并对这些数据进行一系列操作。

表 2-1　员工信息

工号	姓名	性别	部门
22001	小明	男	市场部
22002	小王	男	技术部
22003	小红	男	市场部

使用客户端登录 MySQL 数据库，输入如下 SQL 语句创建数据库 company：

```
mysql> create database company;
```

使用如下 SQL 语句查询所有创建好的数据库：

```
mysql> show databases;
```

图 2-9 显示的是查询结果，数据库 company 已经被成功创建。

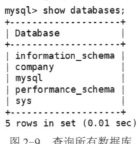

```
mysql> show databases;
+--------------------+
| Database           |
+--------------------+
| information_schema |
| company            |
| mysql              |
| performance_schema |
| sys                |
+--------------------+
5 rows in set (0.01 sec)
```

图 2-9　查询所有数据库

使用如下 SQL 语句选择将要操作的数据库：

```
mysql> use company;
```

使用如下 SQL 语句创建表 tbl_personnel：

```
mysql> create table tbl_personnel(
    -> id char(10),
    -> name char(20),
    -> sex char(2),
    -> department char(20)
    -> )engine=InnoDB,charset=utf8;
```

表创建成功后，可以使用如下 SQL 语句查看已创建的表：

```
mysql> show tables;
```

图 2-10 显示的是查询结果，tbl_personal 表已经被成功创建。

```
mysql> show tables;
+-------------------+
| Tables_in_company |
+-------------------+
| tbl_personnel     |
+-------------------+
1 row in set (0.00 sec)
```

图 2-10　查询所有表

使用如下 SQL 语句查看表的描述信息：

```
mysql> desc tbl_personnel;
```

图 2-11 显示的是 tbl_personal 表的描述信息。

```
mysql> desc tbl_personnel;
+------------+----------+------+-----+---------+-------+
| Field      | Type     | Null | Key | Default | Extra |
+------------+----------+------+-----+---------+-------+
| no         | char(5)  | YES  |     | NULL    |       |
| name       | char(15) | YES  |     | NULL    |       |
| sex        | char(2)  | YES  |     | NULL    |       |
| department | char(15) | YES  |     | NULL    |       |
+------------+----------+------+-----+---------+-------+
4 rows in set (0.01 sec)
```

图 2-11　查询 tbl_personal 表的描述信息

使用如下 SQL 语句向 tbl_personnel 表中插入三条记录：

```
mysql>insert into tbl_personnel(id,name,sex,department) values('22001','小明','男','市场部');
mysql>insert into tbl_personnel(id,name,sex,department) values('22002','小王','男','技术部');
mysql>insert into tbl_personnel(id,name,sex,department) values('22003','小红','男','市场部');
```

使用如下 SQL 语句查询 tbl_personnel 表中所有记录的所有字段：

```
mysql> select * from tbl_personnel;
```

图 2-12 显示的是查询结果，结果包含 tbl_personnel 表中所有记录。

```
mysql> select * from tbl_personnel;
+-------+-------+------+------------+
| id    | name  | sex  | department |
+-------+-------+------+------------+
| 22001 | 小明  | 男   | 市场部     |
| 22002 | 小王  | 男   | 技术部     |
| 22003 | 小红  | 男   | 市场部     |
+-------+-------+------+------------+
3 rows in set (0.01 sec)
```

图 2-12　查询 tbl_personal 表全部数据

使用如下 SQL 语句修改表中数据，修改小红的性别：

```
mysql> update tbl_personnel set sex='女' where name='小红';
```

使用如下 SQL 语句删除 id 为 "22002" 员工的信息：

```
mysql> delete from tbl_personnel where id='22002';
```

使用如下 SQL 语句删除 tbl_personnel 表：

```
mysql> drop table tbl_personnel;
```

使用如下 SQL 语句删除 company 数据库：

```
mysql> drop database company;
```

2.3　Hadoop 的安装与配置

Hadoop 是一个由 Apache 基金会所开发的分布式系统基础架构，用户可以在不了解分布式底层细节的情况下，开发分布式程序，充分利用集群进行高速运算和存储。Hadoop 拥有三种运行环境：单节点环境、伪分布式环境、完全分布式环境。本节将介绍单节点环境和伪分布式环境安装和配置。

2.3.1　单节点环境

Hadoop 在单节点模式下，所有程序都在单独的 JVM 上运行。Hadoop 不使用分布式文件系统，而是使用本地文件系统。单节点模式主要用于调试测试，无须运行任何守护进程，在生产环境中一般不使用。

Hadoop 依赖于 JDK，因此在安装 Hadoop 之前需要先安装好 JDK。具体安装步骤如下。

1）在 Hadoop 官方网站下载 Hadoop 安装包，本书使用的 Hadoop 版本是 3.1.3，执行如下命令解压安装包到/opt/module 目录下：

```
tar -zxvf hadoop-3.1.3.tar.gz -C /opt/module/
```

2）编辑/etc/profile 文件，配置环境变量：

```
vim /etc/profile
```

3）在文件尾部追加以下内容：

```
export HADOOP_HOME=/opt/module/hadoop-3.1.3
export PATH=$HADOOP_HOME/bin:$PATH
export PATH=$HADOOP_HOME/sbin:$PATH
```

4）保存文件后执行脚本，使环境变量生效：

```
source /etc/profile
```

5）可以使用如下命令测试 Hadoop 是否安装成功：

```
hadoop version
```

显示输出如图 2-13 所示，表示 Hadoop 单节点模式安装成功：

```
[root@hadoop105 hadoop-3.1.3]# hadoop version
Hadoop 3.1.3
Source code repository https://gitbox.apache.org/repos/asf/hadoop.git -r ba631c436b806728f8ec2
f54ab1e289526c90579
Compiled by ztang on 2019-09-12T02:47Z
Compiled with protoc 2.5.0
From source with checksum ec785077c385118ac91aadde5ec9799
This command was run using /opt/module/hadoop-3.1.3/share/hadoop/common/hadoop-common-3.1.3.ja
r
```

图 2-13　Hadoop 安装成功提示

2.3.2　伪分布式环境

Hadoop 可以在单节点上以伪分布式的方式运行，用一台节点模拟整个分布式环境。Hadoop
进程以分离的 Java 进程来运行，节点既作为 NameNode 也作为 DataNode。

伪分布式模式下，Hadoop 使用的是分布式文件系统，各个作业也是由 ResourceManager 服
务来管理的独立进程。伪分布式模式类似于完全分布式模式下的集群。这种模式常用来开发测试
Hadoop 程序的执行是否正确。

首先按照上一小节步骤安装 Hadoop 并配置环境变量，然后继续进行伪分布式环境配置。

Hadoop 的配置文件位于软件安装目录下的 etc/hadoop/中，伪分布式模式需要指定 JDK 路径
并修改两个配置文件：core-site.xml 和 hdfs-site.xml。

执行如下指令，进入 hadoop 安装目录，编辑 hadoop-env.sh 文件：

```
cd /opt/module/hadoop-3.1.3/
vim etc/hadoop/hadoop-env.sh
```

修改以下内容，配置 JDK 路径：

```
export JAVA_HOME=/opt/module/jdk1.8.0_212
```

执行如下指令，编辑 core-site.xml 文件：

```
vim etc/hadoop/core-site.xml
```

添加以下配置信息，指定文件系统名称、主机名称、端口等信息：

```
<?xml version="1.0" encoding="UTF-8"?>
```

```
    <?xml-stylesheet type="text/xsl" href="configuration.xsl"?>
    <configuration>
        <property>
            <name>hadoop.tmp.dir</name>
            <value>file:/opt/module/hadoop-3.1.3/tmp</value>
            <description>Abase for other temporary directories.</description>
        </property>
        <property>
            <name>fs.defaultFS</name>
            <value>hdfs://localhost:9000</value>
        </property>
    </configuration>
```

执行如下指令，编辑 hdfs-site.xml 文件：

```
    vim etc/hadoop/hdfs-site.xml
```

添加以下配置信息，指定文件副本数等信息：

```
    <?xml version="1.0" encoding="UTF-8"?>
    <?xml-stylesheet type="text/xsl" href="configuration.xsl"?>
    <configuration>
        <property>
            <name>dfs.replication</name>
            <value>1</value>
        </property>
        <property>
            <name>dfs.namenode.name.dir</name>
            <value>file:/opt/module/hadoop-3.1.3/tmp/dfs/name</value>
        </property>
        <property>
            <name>dfs.datanode.data.dir</name>
            <value>file:/opt/module/hadoop-3.1.3/tmp/dfs/data</value>
        </property>
    </configuration>
```

2.3.3 节点间免密通信

节点间的免密通信是指在网络中的两个或多个节点之间进行通信时，不需要使用密码或密钥进行加密和解密的通信方式。SSH 是一种用于在网络上进行安全远程登录和执行命令的协议和工具。它提供了加密的通信通道，确保了数据的机密性和完整性。SSH 还支持文件传输和端口转发等功能。

首先，执行如下指令生成密钥，生成密钥成功提示见图 2-14：

```
    ssh-keygen -t rsa
```

```
[root@hadoop105 hadoop-3.1.3]# ssh-keygen -t rsa
Generating public/private rsa key pair.
Enter file in which to save the key (/root/.ssh/id_rsa):
Created directory '/root/.ssh'.
Enter passphrase (empty for no passphrase):
Enter same passphrase again:
Your identification has been saved in /root/.ssh/id_rsa.
Your public key has been saved in /root/.ssh/id_rsa.pub.
The key fingerprint is:
45:53:cb:6c:c3:b9:7a:3a:1a:eb:04:2a:9e:e5:44:0f root@hadoop105
The key's randomart image is:
+--[ RSA 2048]----+
|        o..      |
|       . = o     |
|        . O      |
|         . . o   |
|      E . S      |
|     . + .       |
|    . + . U . .  |
|   . .r . o.o    |
|   o . .+...     |
+-----------------+
```

图 2-14　生成密钥成功提示

然后，执行如下指令将公钥发出：

```
cp ~/.ssh/id_rsa.pub ~/.ssh/authorized_keys
```

接着，执行如下执行修改公钥权限：

```
chmod 600 ~/.ssh/authorized_keys
```

最后，测试 ssh 无密登录：

```
ssh localhost
```

2.3.4　Hadoop 的启动和测试

完成上面的步骤之后，我们已经成功安装 Hadoop 并配置好相关环境，接下来就可以启动 Hadoop 并进行测试。

首先，进入 Hadoop 安装目录，执行 NameNode 的格式化：

```
cd /opt/module/hadoop-3.1.3/
./bin/hdfs namenode -format
```

显示如图 2-15 所示内容，表示格式化成功。

```
2022-08-31 16:59:26,598 INFO common.Storage: Storage directory /tmp/hadoop-root/dfs/name has been successfully
 formatted.
2022-08-31 16:59:26,653 INFO namenode.FSImageFormatProtobuf: Saving image file /tmp/hadoop-root/dfs/name/curre
nt/fsimage.ckpt_0000000000000000000 using no compression
2022-08-31 16:59:26,765 INFO namenode.FSImageFormatProtobuf: Image file /tmp/hadoop-root/dfs/name/current/fsim
age.ckpt_0000000000000000000 of size 391 bytes saved in 0 seconds
2022-08-31 16:59:26,776 INFO namenode.NNStorageRetentionManager: Going to retain 1 images with txid >= 0
2022-08-31 16:59:26,786 INFO namenode.FSImage: FSImageSaver clean checkpoint: txid = 0 when meet shutdown.
2022-08-31 16:59:26,786 INFO namenode.NameNode: SHUTDOWN_MSG:
/************************************************************
SHUTDOWN_MSG: Shutting down NameNode at hadoop105/192.168.10.105
************************************************************/
[root@hadoop105 hadoop-3.1.3]#
```

图 2-15　格式化成功提示

然后，开启 NameNode 和 DataNode 守护进程：

```
cd /opt/module/hadoop-3.1.3/
./sbin/start-dfs.sh
```

显示如图 2-16 所示内容，表示正常启动。

接着，执行 jps 指令查看 Java 进程，显示内容如图 2-17 所示，表示 NameNode 和 DataNode 进程成功启动。

```
Starting namenodes on [localhost]
上一次登录：三 8月 31 16:57:59 CST 2022pts/0 上
Starting datanodes
上一次登录：三 8月 31 17:07:50 CST 2022pts/0 上
Starting secondary namenodes [hadoop105]
上一次登录：三 8月 31 17:07:52 CST 2022pts/0 上
```

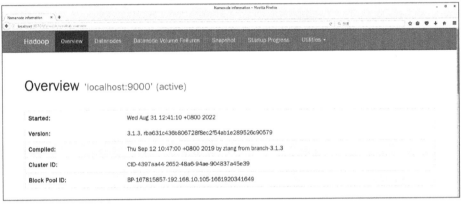

图 2-16　Hadoop 启动成功提示

```
[root@hadoop105 hadoop-3.1.3]# jps
41522 SecondaryNameNode
41203 NameNode
42680 Jps
41340 DataNode
```

图 2-17　系统中的 Java 进程

最后，Hadoop 启动成功后，在节点上启动浏览器访问：localhost:9870，访问 Hadoop 的管理页面，如图 2-18 所示，显示了 Hadoop 基本信息。

图 2-18　Hadoop 管理页面

Hadoop 摘要页面如图 2-19 所示，当前 Hadoop 集群中有一个节点在线。

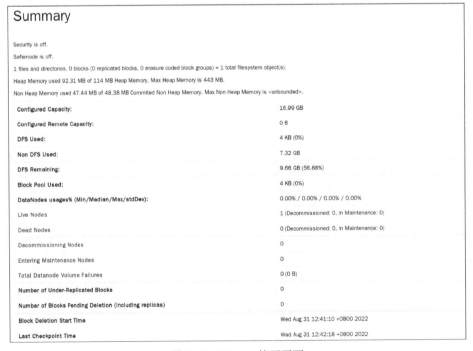

图 2-19　Hadoop 摘要页面

2.4　在 Hadoop 集群上运行 WordCount

在确保按照前面几节的内容安装好 Python、JDK 和 Hadoop，并配置好伪分布式环境后，下面将通过两个实践案例，展示分别基于 Java 和 Python 的 MapReduce 程序在 Hadoop 平台上运行的过程。

MapReduce 将计算过程分为两个阶段：Map 阶段和 Reduce 阶段，Map 阶段并行处理输入数据，Reduce 阶段对 Map 结果进行汇总。

WordCount 又叫词汇统计程序，它能够统计输入文本中每个词汇出现的次数，并以键值对的形式反馈给用户。图 2-20 显示了 WordCount 程序的执行过程。首先 MapReduce 框架自动对输入数据进行分割，将分割好的数据交给用户定义的 Mapper 方法，Mapper 方法列出所有出现的单词，以<key,value>的方式输出，MapReduce 框架会对这些数据进行排序并交给用户定义的 Reducer 程序处理，Reducer 程序对 key 相同的 value 进行累加，得到最终输出结果。

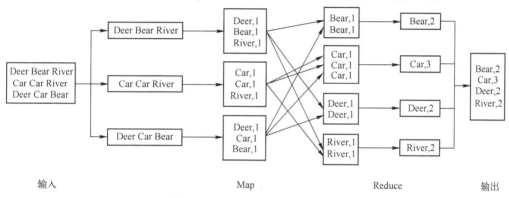

图 2-20　WordCount 程序执行过程

2.4.1　运行 Java 版本 WordCount 实例

Hadoop 官方提供了一个 Java 版本的 WordCount 实例，如图 2-21 所示，其 JAR 文件存储在 Hadoop 安装目录下的 share/hadoop/mapreduce/hadoop-mapreduce-examples-2.7.3.jar。下面就通过运行这个实例测试 Java 版本的 WordCount 程序运行过程。

```
[root@hadoop105 mapreduce]# ll /opt/module/hadoop-3.1.3/share/hadoop/mapreduce/
总用量 5576
-rw-r--r--. 1 liuyuan liuyuan  612175 9月  12 2019 hadoop-mapreduce-client-app-3.1.3.jar
-rw-r--r--. 1 liuyuan liuyuan  804003 9月  12 2019 hadoop-mapreduce-client-common-3.1.3.jar
-rw-r--r--. 1 liuyuan liuyuan 1655414 9月  12 2019 hadoop-mapreduce-client-core-3.1.3.jar
-rw-r--r--. 1 liuyuan liuyuan  215372 9月  12 2019 hadoop-mapreduce-client-hs-3.1.3.jar
-rw-r--r--. 1 liuyuan liuyuan   45334 9月  12 2019 hadoop-mapreduce-client-hs-plugins-3.1.3.jar
-rw-r--r--. 1 liuyuan liuyuan   85396 9月  12 2019 hadoop-mapreduce-client-jobclient-3.1.3.jar
-rw-r--r--. 1 liuyuan liuyuan 1659884 9月  12 2019 hadoop-mapreduce-client-jobclient-3.1.3-tests.jar
-rw-r--r--. 1 liuyuan liuyuan  126143 9月  12 2019 hadoop-mapreduce-client-nativetask-3.1.3.jar
-rw-r--r--. 1 liuyuan liuyuan   97155 9月  12 2019 hadoop-mapreduce-client-shuffle-3.1.3.jar
-rw-r--r--. 1 liuyuan liuyuan   57652 9月  12 2019 hadoop-mapreduce-client-uploader-3.1.3.jar
-rw-r--r--. 1 liuyuan liuyuan  316382 9月  12 2019 hadoop-mapreduce-examples-3.1.3.jar
drwxr-xr-x. 2 liuyuan liuyuan    4096 9月  12 2019 jdiff
drwxr-xr-x. 2 liuyuan liuyuan      57 9月  12 2019 lib
drwxr-xr-x. 2 liuyuan liuyuan      30 9月  12 2019 lib-examples
drwxr-xr-x. 2 liuyuan liuyuan    4096 9月  12 2019 sources
```

图 2-21　官方实例的位置

1. 上传输入文件

首先在本地创建 input.txt 文件，并输入一些由单词构成的文本，该文件中的文本数据作为 WordCount 的输入数据，将 input.txt 文件临时存储在/home/data/python/WordCount 目录下。

```
cd /home/data/python/WordCount
vim input.txt
```

将用于测试的文本写入 input.txt：

```
hadoop hadoop flume hadoop kafka hadoop pig kafka flume Hadoop
```

启动已经搭建好的 Hadoop 伪分布式环境，在 HDFS 上建立/WordCound 目录：

```
hdfs dfs -mkdir /WordCount
```

将 input.txt 文件上传至/WordCound 目录下：

```
hadoop fs -put /home/data/python/WordCount/input.txt /WordCount
```

查看/WordCount 目录下内容：

```
hadoop fs -ls /WordCount
```

图 2-22 显示了查询结果，input.txt 已经成功上传到/WordCount 目录下。

```
Found 1 items
-rw-r--r--   1 root supergroup         63 2022-09-05 23:44 /WordCount/input.txt
```

图 2-22　WordCount 目录下的文件

2. 执行 WordCount 程序

接下来在 Hadoop 上运行 WordCount 程序，将输出结果保存至/output/word0 目录：

```
hadoop jar /opt/module/hadoop-3.1.3/share/hadoop/mapreduce/hadoop-mapreduce-examples-2.7.3.jar wordcount /WordCount /output/word0
```

3. 查看运行结果

程序运行结束后，执行如下命令，查看输出结果文件：

```
hadoop fs -ls /output/word0
```

图 2-23 显示了/output/word0 目录下的输出结果文件，其中 part-r-00000 是分析结果。

```
Found 2 items
-rw-r--r--   1 root supergroup          0 2022-09-07 00:14 /output/word0/_SUCCESS
-rw-r--r--   1 root supergroup         31 2022-09-07 00:14 /output/word0/part-r-00000
```

图 2-23　word0 目录下的输出结果文件

执行如下命令，查看分析结果：

```
hadoop fs -cat /output/word0/part-r-00000
```

图 2-24 显示了分析结果，列出了所有单词出现的次数。

```
2022-09-07 00:18:52,780 INFO sasl.SaslDataTransferClient: SASL encryption trust check: localHostTrusted
flume   2
hadoop  5
kafka   2
pig     1
```

图 2-24　分析结果

2.4.2　运行 Python 版本 WordCount 实例

Hadoop 只提供了 Java 版本的 WordCount 的测试程序，Python 版本的 MapReduce 代码需要手动编写。

1．创建输入文件

创建/home/data/python/WordCount 目录，将用于输入的 input.txt 和 Python 脚本放到该目录下。创建 input.txt 文件，使用 Vim 编辑器输入一些文本信息：

```
cd /home/data/python/WordCount
vim input.txt
```

输入以下内容并保存：

```
hadoop hadoop flume hadoop kafka hadoop pig kafka flume Hadoop
```

2．编写 mapper 程序

在/home/data/python/WordCount 目录目录下创建 mapper.py：

```
cd /home/data/python/WordCount
vim mapper.py
```

该脚本从标准输入读取数据，默认以空格分隔单词，并按行输出结果到标准输出，mapper.py 不会统计每个单词出现的次数，而只是列出所有单词，以便 reducer.py 进行统计，如下所示：

```python
#!/usr/bin/python
import sys
for line in sys.stdin:
    line = line.strip()
    words = line.split()
    for word in words:
        print('%s\t%s'%(word,1))
```

通过以下命令赋予 mapper.py 可执行权限：

```
chmod +x /home/data/python/WordCount/mapper.py
```

3．编写 reducer 程序

在/home/data/python/WordCount 目录目录下创建 reducer.py：

```
cd /home/data/python/WordCount
vi reducer.py
```

该脚本从标准输入读取 mapper.py 的结果，统计每一个单词出现的次数并输出到标准输出：

```python
#!/usr/bin/python
import sys
current_word = None
current_count = 0
```

```
word = None
for line in sys.stdin:
    line = line.strip()
    word,count = line.split('\t',1)
    try:
        count = int(count)
    except ValueError:
        continue
    if current_word == word:
        current_count += count
    else:
        if current_word:
          print('%s\t%s' %(current_word,current_count))
        current_count = count
        current_word = word
if current_word == word:
    print('%s\%s' %(current_word,current_count))
```

通过以下命令赋予 reducer.py 可执行权限：

```
chmod +x /home/data/python//WordCount/reducer.py
```

4. 脚本本地测试

为确保脚本能够在 Hadoop 平台上正确运行，先对脚本进行本地测试。需要注意，Hadoop 会对 mapper.py 的输出做自动排序，而在本地环境下，需要使用 sort 命令进行手动排序。

指定 input.txt 里面的文本数据为输入数据，用于测试 mapper.py：

```
cd /home/data/python/WordCount/
cat input.txt | ./mapper.py
```

图 2-25 显示了运行结果，mapper.py 列出了所有出现的单词。

将 mapper 的输出数据进行排序，作为 reducer.py 的输入数据，测试 reducer.py：

```
cd /home/data/python/WordCount/
cat input.txt | ./mapper.py | sort -k1,1 | ./reducer.py
```

图 2-26 显示了运行结果，reducer.py 统计了每个词出现的次数。

```
hadoop   1
hadoop   1
flume    1
hadoop   1
kafka    1
hadoop   1
pig      1
kafka    1
flume    1
hadoop   1
```

```
flume    2
hadoop   5
kafka    2
pig\1
```

图 2-25　mapper.py 运行结果　　　　图 2-26　reducer.py 运行结果

5. 执行 WordCount 程序

脚本完成本地测试之后，就可以在 Hadoop 上运行了。启动已经搭建好的 Hadoop 伪分布式环境，在 HDFS 上建立/WordCound 目录：

```
hdfs dfs -mkdir /WordCount
```

将 input.txt 文件上传至/WordCound：

```
hadoop fs -put /home/data/python/WordCount/input.txt /WordCount
```

执行如下命令，查看/WordCount 目录下内容：

```
hadoop fs -ls /WordCount
```

为了简化 Hadoop 命令，将 hadoop-streaming-3.1.3.jar 路径添加到环境变量中：

```
vim /etc/profile
```

添加以下内容：

```
export HADOOP_STREAM=$HADOOP_HOME/share/hadoop/tools/lib/hadoop-streaming-3.1.3.jar
```

执行刷新命令：

```
source /etc/profile
```

执行 Hadoop 命令，运行 WordCount：

```
hadoop jar $HADOOP_STREAM -file /home/data/python/WordCount/mapper.py -mapper ./mapper.py -file /home/data/python/WordCount/reducer.py -reducer ./reducer.py -input /WordCount -output /output/word1
```

6. 查看运行结果

指令执行成功后，输入如下指令查看输出文件：

```
hadoop fs -ls /output/word1
```

图 2-27 显示了生成文件。

```
Found 2 items
-rw-r--r--   1 root supergroup          0 2022-09-07 00:01 /output/word1/_SUCCESS
-rw-r--r--   1 root supergroup        123 2022-09-07 00:01 /output/word1/part-00000
```

图 2-27 程序生成的文件

输入如下指令查看分析结果：

```
hadoop fs -cat /output/word1/part-00000
```

图 2-28 显示了分析结果，该结果与本地测试得到的结果一致。

```
flume    2
hadoop   5
kafka    2
pig\1
```

图 2-28 分析结果

习题

1. Java 和 Python 用于大数据开发的优点是什么？
2. MySQL 有哪些优点？
3. Hadoop 的三种运行模式分别适用于哪些场景？
4. 简述 MapReduce 程序执行过程。

第 3 章　使用 Flume 采集系统日志数据

Flume 常用来进行日志采集、聚合和传输。本章首先介绍什么是 Flume，以及如何安装 Flume，然后分别介绍 Flume 的核心组件、拦截器与选择器、负载均衡与故障转移，最后介绍 Flume 采集数据上传到 HDFS 的案例，帮助读者初步了解 Flume 的应用方式。

3.1　Flume 概述

Flume 是由 Cloudera 软件公司开发的分布式日志收集系统，2009 年被捐赠给 Apache 软件基金会，成为 Hadoop 相关组件之一。近几年随着 Flume 的不断被完善以及升级版本的逐一推出，同时 Flume 内部的各种组件不断丰富，用户在开发的过程中使用的便利性得到很大的改善。

Flume 是一个分布式、高可靠、高可用的海量日志采集、聚合、传输系统，支持在日志系统中定制各类数据发送方，也能够对数据进行简单处理，并拥有将数据写到各种数据接收方的能力。

简单来说，Flume 是一种实时数据采集引擎。无论数据来自什么企业，或是拥有多大量级，通过部署 Flume，就可以确保数据能够安全、及时地到达大数据平台，用户可以将精力集中在如何洞悉数据上。

Flume 具有以下几个特性：

- 可靠性。Flume 具有负载均衡机制和故障转移机制。当节点出现故障时，日志能够被传送到其他节点上，保证数据不会丢失。
- 可扩展性。Flume 采用了分布式集群架构，可以在多台机器上运行多个 Flume，具有良好的可扩展性。另外，Flume 针对特殊场景也具备良好的自定义扩展能力，适用于大部分的日常数据采集场景。
- 易用性。只需要对 Flume 进行简单的配置，就能够满足一般数据采集需求。
- 可管理性。Flume 提供了网页和命令行两种形式对数据流进行管理。

Flume 适用于对日志数据的实时采集。图 3-1 显示了 Flume 的一种典型应用场景，Flume 从本地数据文件或者网络接口中采集数据，将这些数据保存到 HDFS 或传送到 Kafka 中，本地数据文件可以是爬虫采集到的数据，也可以是服务器后台日志数据。

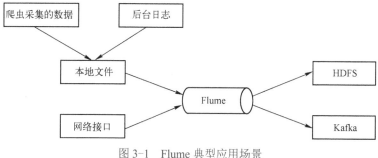

图 3-1　Flume 典型应用场景

3.2　Flume 的安装运行

Flume 的安装步骤如下。

1）从 Flume 官方网站下载 Flume 1.9.0 版本，上传到/opt/software 目录下；将 apache-flume-1.9.0-bin.tar.gz 解压到/opt/module/目录下：

```
cd /opt/software
tar -zxvf apache-flume-1.9.0-bin.tar.gz -C /opt/module/
```

2）进入/opt/module/apache-flume-1.9.0-bin/conf/目录，将 flume-env.sh.template 配置文件模板拷贝一份，命名为 flume-env.sh：

```
cd /opt/module/apache-flume-1.9.0-bin/conf/
cp flume-env.sh.template flume-env.sh
```

3）编辑 flume-env.sh：

```
vim flume-env.sh
```

4）配置 Java 路径，向配置文件中添加 JAVA_HOME：

```
export JAVA_HOME=/opt/module/jdk1.8.0_212
```

5）接下来配置环境变量，编辑 profile 文件：

```
vim /etc/profile
```

6）在文件最后追加以下内容：

```
export FLUME_HOME=/opt/module/apache-flume-1.9.0-bin
export PATH=$FLUME_HOME/bin:$PATH
```

7）执行 source 命令：

```
source /etc/profile
```

8）本书使用的 Hadoop 3.1.3 版本与 Flume 1.9.0 版本存在一个冲突，需要删除/opt/module/apache-flume-1.9.0-bin/lib 目录下 guava-11.0.2.jar，如果使用其他版本或未在一台服务器上安装，可以忽略此步。

```
rm guava-11.0.2.jar
```

9）执行如下指令查看版本信息，显示内容如图 3-2 所示，可见当前 Flume 版本是 1.9.0。

```
flume-ng version

Flume 1.9.0
Source code repository: https://git-wip-us.apache.org/repos/asf/flume.git
Revision: d4fcab4f501d41597bc616921329a4339f73585e
Compiled by fszabo on Mon Dec 17 20:45:25 CET 2018
From source with checksum 35db629a3bda49d23e9b3690c80737f9
```

图 3-2　Flume 版本信息

3.3　Flume 的核心组件

Flume 包括 Agent、Source、Channel、Sink、Event 五个核心组件。图 3-3 显示了 Flume 基础

架构，其中 Agent 是 Flume 的基础部分，Source、Channel、Sink 都是 Agent 的组件，Source 用于接收数据，Channel 充当 Source 和 Sink 之间的缓冲区，Sink 用于向外发出数据，Event 是 Flume 传递数据的基本单元。

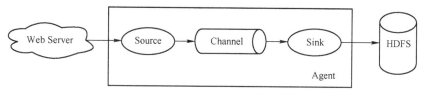

图 3-3　Flume 基础架构

3.3.1　Agent

Agent 是一个 Java 进程，每台机器中运行一个 Agent。它主要包括 Source、Channel、Sink 三大组件，Agent 利用这些组件将数据以事件的形式从一个节点传输到另一个节点。Agent 是 Flume 流的基础部分。

Flume 处理流程如图 3-4 所示，在 Agent 内部，Source 接收到数据后，会将数据交给 Channel 处理器。Channel 处理器将事件传递给拦截器链，拦截器是一段用于操作事件的代码。待拦截器处理完事件后，Channel 处理器将事件传递给 Channel 选择器，由 Channel 选择器决定将事件写入到哪个 Channel，并向 Channel 处理器返回写入事件的 Channel 列表。由 Channel 处理器将事件写入相应的 Channel。Sink 处理器从 Channel 中读取数据并写入相应的 Sink。

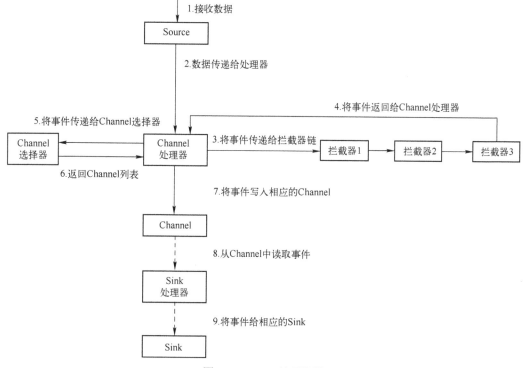

图 3-4　Flume 处理流程

3.3.2 Source

Source 是 Agent 的组件，其作用是接收数据，Source 组件可以处理各种类型的日志数据，不同数据源需要使用不同的 Source，表 3-1 列出了几种常用 Source，可以查阅 Flume 官方文档了解不同 Source 的使用方法。

表 3-1 常用的 Source

Source 名称	描述
Avro Source	内置了 Avro Server，可接受 Avro 客户端发送的数据
Thrift Source	内置了 Thrift Server，可接受 Thrift 客户端发送的数据
Exec Source	执行指定的 shell，并从该命令标准输出中获取数据
Spooling Directory Source	监听一个文件夹下新产生的文件，并读取内容
Kafka Source	内置了 Kafka Consumer，可从 Kafka Broker 中读取某个 topic 的数据
Syslog	分为 TCP Source 和 UDP Source 两种，分别接受 TCP 和 UDP 数据
HTTP source	可接受 HTTP 发来的数据
Netcat source	在某一端口上进行侦听，它将每一行文字变成一个事件源

3.3.3 Sink

Sink 的作用是不断查询 Channel 中的事件并移除它们，Sink 将移除的事件批量写入到存储系统或发往其他 Flume Agent。

根据发往目的地的不同，需要使用不同的 Sink，表 3-2 列出了几种常用的 Sink。

表 3-2 常用的 Sink

Sink 名称	描述
HDFS Sink	把 events 写进 Hadoop HDFS
Hive Sink	将包含分割文本或者 JSON 数据的 events 直接传送到 Hive 表或分区中
Avro Sink	将 Flume events 转换为 Avro events，并发送到目的地
Thrift Sink	将 Flume events 转换为 Thrift events，并发送到目的地
Kafka Sink	导出数据到一个 Kafka topic
HTTP Sink	使用 HTTP POST 请求发送 Flume events 到远程服务

3.3.4 Channel

Channel 是位于 Source 和 Sink 之间的缓冲区。Channel 能够使 Source 和 Sink 以不同的速率工作，可以同时接收多个 Source 的事件，也可以将事件发送到多个 Sink 中，如图 3-5 所示。

Flume 自带了两种 Channel，Memory Channel 和 File Channel。

Memory Channel 是内存中的队列。Memory Channel 在不需要关心数据丢失的情景下适用。如果需要关心数据丢失，那么 Memory Channel 就不适用，因为程序出现异常可能会导致数据丢失。

File Channel 将所有事件写到磁盘。因此在程序出现异常的情况下不会丢失数据。

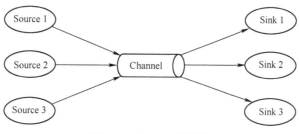

图 3-5　Channel 的作用

3.3.5　Event

Event 是 Flume 数据的基本传输单元，Flume 将数据以 Event 的形式从数据源传递到目的地。Event 的结构如图 3-6 所示，它由 Header 和 Body 两部分组成，Header 通常用来存放该 Event 的一些属性，属性以键值对的方式存储，Body 用来存放数据。

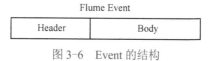

图 3-6　Event 的结构

3.4　Flume 拦截器与选择器

拦截器（Interceptor）是简单的插入式组件，设置在 Source 和写入数据的 Channel 之间，Source 接收到的事件在写入到 Channel 之前，拦截器都可以对时间进行拦截，转换或删除这些时间。每个拦截器实例只处理同一个 Source 接收到的事件。

每个 Agent 可以添加任意数量的拦截器去处理从单个 Source 传来的事件，Source 将同一个事务中的所有事件传递给 Channel 处理器，进而传递给拦截器链，然后事件被传递给拦截器链的第一个拦截器，之后对事件进行转换处理，往下一个拦截器传递，依次直到最后一个拦截器返回的事件写入到 Channel 中。

拦截器必须在事件写入到 Channel 之前完成处理，因此在拦截器中进行大量的耗时处理不太合适。如果拦截器的处理非常耗时，需要相应调整响应超时时间，防止由于长时间没有响应发送事件的客户端或者 Sink，而导致超时。

拦截器是需要命名的组件，每个拦截器都需要限定一个名字。拦截器的配置需要以 Interceptor 开头、后面跟着拦截器的名称，以及配置项名称。

3.4.1　Flume 内置拦截器

Flume 作为 Cloudera 提供的高可用的、高可靠的、分布式的海量日志采集、聚合和传输的系统，其具备对数据进行简单处理、并写到各种数据接受方（可定制）的能力。Flume 有各种内置的拦截器，比如：Timestamp Interceptor、Host Interceptor、Static Interceptor、UUID Interceptor、Regex Filtering Interceptor 等，通过使用不同的拦截器，实现不同的功能。

下面来介绍一下 Flume 自带的一系列常用拦截器。

1．主机拦截器（Host Interceptor）

这个拦截器将运行 Agent 的 hostname 或者 IP 地址写入到事件的 headers 中。headers 中的 key 使用 hostHeader 配置，默认是 host。主机拦截器的属性配置表如表 3-3 所示。

表 3-3　主机拦截器的属性配置

属性	默认值	说明
type	host	类型名称 host，也可以使用类名的全路径 org.apache.flume.interceptor.HostInterceptor$Builder
hostHeader	host	header 中 key 的名称
useIP	true	true 为 P 地址，false 为 hostname
preserveExisting	false	如果 header 已经存在 host，是否要保留- true 保留原始的，false 写入当前机器的值

一个完整的使用 Host Interceptor 配置案例如下所示，将配置放置在节点 192.168.85.136 上。后文的拦截器配置在该案例上替换相应内容即可。

```
example.conf:
    # 定义 Agent 名称为 a1
    # 设置 3 个组件的名称
    a1. sources = r1
    al.sinks = kl k2
    a1.channels =cl c2

    # 配置 Source 类型为 NetCat，监听地址为本机，端口为 44444
    al.sources.r1.type = netcat
    al.sources.r1.bind = localhost
    al.sources.r1.port = 44444

    # 添加拦截器
    a1.sources.r1.interceptors = i1
    a1.sources.r1.interceptors.i1.type = host
    a1.sources.r1.interceptors.i1.useIP=false
    a1.sources.r1.interceptors.i1.preserveExisting=false

    # 配置 Sink 类型为 Logger
    a1.sinks.k1.type = logger
    a1.sinks.k2.type = avro
    ai.sinks.k2.hostname = 192.168.85.136
    a1.sinks.k2.port = 55555

    # 配置 Channel 类型为内存，内存队列最大容量为 1000，一个事务中从 Source 接收的
Events 数量或者发送给 Sink 的 Events 数量最大为 100
    a1.channels.c1.type = memory
```

```
a1.channels.cl. capacity =1000
a1.channels.c1.transactionCapacity = 100
a1.channels.c2.type = memory

# 将 Source 和 Sink 绑定到 Channel 上
a1.sources.r1.channels = cl c2
a1.sinks.k1.channel = cl
a1.sinks.k2.channel = c2
```

example.conf 配置文件写好后，使用如下命令启动 Flume Agent。

```
[root@localhost ~]# flume-ng agent -n a1 -c ./ -f example.conf
```

启动后，使用 NetCat 向集群节点 192.168.85.136 发送数据信息 "123"。

```
[root@localhost ~]# nc localhost 44444
123
OK
```

此时在 192.168.85.136 的客户机控制台上可以看到输出的日志信息，其中事件信息如下所示，在事件头信息中带有了 localhost 的 IP。

```
Event：{headers：{host=127.0.0.1} body：31 32 33    123}
```

2. Timestamp Interceptor（时间戳拦截器）

该拦截器会将当前时间写入到事件的 header 当中，是 Flume 中一个最经常使用的拦截器。如果不使用任何拦截器，flume 接收到的只有 message。

时间戳拦截器的属性配置如表 3-4 所示。

表 3-4　时间戳拦截器的属性配置

属性	默认值	说明
type	timestamp	类型名称 timestamp，也可以使用类名的全路径 org.apache.flume. interceptor.TimestampInterceptor$Builder
headerName	timestamp	header 中 key 的名称
preserveExisting	false	如果 header 已经存在时间戳，是否要保留，true 表示保留原始的，false 表示写入当前设定的值

属性配置项举例如下。

```
a1.sources.r1.interceptors = i1 i2
a1.sources.r1.interceptors.i1.type = host
a1.sources.r1.interceptors.i2.type = timestamp
a1.sources.r1.interceptors.i1.preserveExisting = false
a1.sources.r1.interceptors.i2.preserveExisting = false
```

此时使用 NetCat 向客户机发送消息 "1234"，可以看到控制台输出以下日志事件信息。

```
Event：{headers：{host=127.0.0.1, timestamp=1587195024659} body：31 32 33
34    1234 }
```

3．Static Interceptor（静态拦截器）

静态拦截器运行用户对所有事件添加的固定 header，其主要作用是将 key 和 value 插入到事件的 header 中。

静态拦截器属性配置如表 3-5 所示。

表 3-5　静态拦截器的属性配置

属性	默认值	说明
type	static	类型名称 static，也可以使用类全路径名称 org.apache.flume.interceptor.StaticInterceptor$Builder
key	key	header 中 key 的名称
value	value	header 中 key 对应的 value 值
preserveExisting	true	若设置为 true，如果 header 已存在该 key，不会替换 value 的值

属性配置项举例如下。

```
a1.sources.r1.interceptors = i1 i2 i3
a1.sources.r1.interceptors.i1.type = host
a1.sources.r1.interceptors.i2.type = timestamp
a1.sources.r1.interceptors.i1.preserveExisting = false
a1.sources.r1.interceptors.i2.preserveExisting = false
# 静态拦截器
a1.sources.r1.interceptors.i3.type = static
a1.sources.r1.interceptors.i3.key = logs
a1.sources.r1.interceptors.i3.value = logFlume
a1.sources.r1.interceptors.i3.preserveExisting = false
```

此时依然使用 NetCat 向客户机发送消息"12345"，可以看到控制台输出以下日志事件信息。

```
Event : {headers : {host=127.0.0.1, logs=logFlume, timestamp=1578922107206}
body: 31 32 33 34 35        12345 }
```

4．UUID Interceptor（UUID 拦截器）

UUID 拦截器用于在每个 events header 中生成一个 UUID 字符串，生成的 UUID 可以在 Sink 中读取并使用，例如：b5755073-77a9-43c1-8fad-b7a586fc1b97。

UUID 拦截器属性配置表如表 3-6 所示。

表 3-6　UUID 拦截器的属性配置

属性	默认值	说明
type	—	org.apache.flume.sink.solr.morphline.UUIDInterceptor$Builder
headerName	id	header 名称
preserveExisting	true	为 true 时，如果 UUID 已存在，则保留原值不覆盖
prefix	—	生成 UUID 的前缀

拦截器的配置举例如下。

```
a1.sources.r1.interceptors = i1 i2 i3 i4
a1.sources.r1.interceptors.i1.type = host
a1.sources.r1.interceptors.i2.type = timestamp
a1.sources.r1.interceptors.i1.preserveExisting = false
a1.sources.r1.interceptors.i2.preserveExisting = false
a1.sources.r1.interceptors.i3.type = static
a1.sources.r1.interceptors.i3.key = logs
a1.sources.r1.interceptors.i3.value = logFlume
a1.sources.r1.interceptors.i3.preserveExisting = false
# UUID 拦截器
a1.sources.r1.interceptors.i4.type = org.apache.flume.sink.solr.morphline.UUIDInterceptor$Builder
a1.sources.r1.interceptors.i4.headerName = uuid
a1.sources.r1.interceptors.i4.preserveExisting = true
a1.sources.r1.interceptors.i4.prefix = UUID-
```

此时依然使用 NetCat 向客户机发送消息 "123456"，可以看到控制台输出以下日志事件信息。

```
Event：{headers：{host=127.0.0.1, logs=logFlume,
uuid=UUID-b5755073-77a9-43c1-8fad-b7a586fc1b97, timestamp=1578922462592} body:
31 32 33 34 35 36              123456 }
```

5. Search and Replace Interceptor（查询替换拦截器）

查询替换拦截器基于 Java 正则表达式，提供简单的字符串搜索替换功能，此外还可以进行回溯或者群组捕捉。此拦截器使用与 Java Matcher.replaceAll()方法相同的规则。

查询替换拦截器的配置举例如下。

使用正则替换，将六个连续数字替换为六个 "*"。

```
a1.sources.r1.interceptors = i1 i2 i3 i4
a1.sources.r1.interceptors.i1.type = host
a1.sources.r1.interceptors.i2.type = timestamp
a1.sources.r1.interceptors.i1.preserveExisting = false
a1.sources.r1.interceptors.i2.preserveExisting = false
a1.sources.r1.interceptors.i3.type = static
a1.sources.r1.interceptors.i3.key = logs
a1.sources.r1.interceptors.i3.value = logFlume
a1.sources.r1.interceptors.i3.preserveExisting = false
# 查询替换拦截器
# 拦截器类型，必须是 search_replace
a1.sources.r1.interceptors.i4.type = search_replace
# 根据正则匹配 event 内容
a1.sources.r1.interceptors.i4.searchPattern = \\d{6}
# 替换匹配到的 event 内容
a1.sources.r1.interceptors.i4.replaceString = ******
```

此时依然使用 NetCat 向客户机发送消息 "123456with666888"，可以看到控制台输出以下日志事件信息。

```
Event：{headers：{host=127.0.0.1, logs=logFlume, timestamp=1578924148722} body:
2A 2A 2A 2A 2A 2A 77 69 74 68 2A 2A 2A 2A 2A 2A          ******with****** }
```

3.4.2　自定义拦截器

虽然 Flume 拥有一系列内置拦截器，但是这些拦截器并不能改变原有日志数据的内容，或者对日志信息添加一定的处理逻辑，当一条日志信息有几十个甚至上百个字段的时候，在传统的 Flume 处理下，收集到的日志还是会有对应这么多的字段，也不能对用户想要的字段进行对应的处理。

拦截器是 Flume 中较容易编写的组件，只需要实现 Interceptor 接口。该接口本身非常简单，Flume 本身要求所有的拦截器必须有一个实现 Interceptor.Builder 接口的 Builder 类。所有的 Builder 类必须有一个公共的无参构造方法，Flume 使用该方法完成实例化，可以使用传递到 Builder 类的 Context 实例配置拦截器，所有需要的参数都传递到 Context 实例。

1．自定义拦截器流程

1）定义一个类 MyInterceptor 实现 Interceptor 接口。

2）在 MyInterceptor 类中定义变量，这些变量是需要在 Flume 的配置文件中进行配置使用的。

3）对 MyInterceptor 的类变量在 initialize()函数中进行初始化。

4）写具体的要处理的逻辑 intercept()方法，一个是处理单个事件的 intercept(Event event)，一个是批量处理事件的 intercept(List<Event> events)。

5）接口中定义了一个静态内部类 Builder 实现 Interceptor.Builder 接口，并在 configure 方法中，进行一些参数配置。可以通过 builder()方法，返回一个 MyInterceptor 对象。

2．使用 Java 自定义拦截器

1）首先导入 Maven 依赖。

```xml
<dependencies>
    <!-- flume 核心依赖 -->
    <dependency>
        <groupId>org.apache.flume</groupId>
        <artifactId>flume-ng-core</artifactId>
        <version>1.9.0</version>
    </dependency>
</dependencies>
<build>
    <plugins>
        <!-- 打包插件 -->
        <plugin>
            <groupId>org.apache.maven.plugins</groupId>
            <artifactId>maven-jar-plugin</artifactId>
```

```
                    <version>2.4</version>
                    <configuration>
                        <archive>
                            <manifest>
                                <addClasspath>true</addClasspath>
                                <classpathPrefix>lib/</classpathPrefix>
                                <mainClass></mainClass>
                            </manifest>
                        </archive>
                    </configuration>
                </plugin>
                <!-- 编译插件 -->
                <plugin>
                    <groupId>org.apache.maven.plugins</groupId>
                    <artifactId>maven-compiler-plugin</artifactId>
                    <configuration>
                        <source>1.8</source>
                        <target>1.8</target>
                        <encoding>utf-8</encoding>
                    </configuration>
                </plugin>
            </plugins>
        </build>
```

2）定义实现类 MyInterceptor。

只需要实现 Interceptor 接口，定义内部类 Builder 实现 Interceptor.Builder 即可完成自定义的拦截器。本案例定义一个将事件对象数据转换成大写的拦截器。

```
package com.flumedemo;

import org.apache.flume.Context;
import org.apache.flume.Event;
import org.apache.flume.interceptor.Interceptor;

import java.util.ArrayList;
import java.util.List;

public class MyInterceptor implements Interceptor {
    private String name;
    @Override
    public void initialize() {
        this.name = "MyInterceptor";
    }

    @Override
    public void close() {
```

```
        }

        // 处理单个事件
        @Override
        public Event intercept(Event event) {
            // 获取事件对象中的字节数据
            byte[] arr = event.getBody();
            // 将获取的数据转换成大写
            event.setBody(new String(arr).toUpperCase().getBytes());
            // 返回到消息中
            return event;
        }
        // 批量接收被过滤事件
        @Override
        public List<Event> intercept(List<Event> events) {
            List<Event> list = new ArrayList<>();
            for (Event event : events) {
                list.add(intercept(event));
            }
            return list;
        }

        public static class Builder implements Interceptor.Builder {
            // 获取配置文件的属性
            @Override
            public Interceptor build() {
                return new MyInterceptor();
            }

            @Override
            public void configure(Context context) {

            }
        }
```

3）使用自定义拦截器。

编写好 MyInterceptor 类之后，需要将其打成 jar 包，上传到集群节点对应的 Flume 安装目录下的 lib 文件中，之后便可以在配置文件当中使用我们的自定义拦截器。

在配置文件中添加如下的自定义拦截器设置。

```
a1.sources.r2.interceptors = i5
a1.sources.r2.interceptors.i5.type =
com.flumedemo.interceptor.MyInterceptor$Builder
```

添加好配置后便可以开始让自定义拦截器发挥作用了。

3.5　Flume 负载均衡与故障转移

Sink 组允许将多个 Sink 当作一个 Sink 来处理，以实现故障转移或者负载均衡。通过将多个 Sink 放入到一个组中，Sink 处理器能够对一个组中所有的 Sink 进行负载均衡，在一个 Sink 出现临时错误时进行故障转移。这种情况下，若某个第二层代理不可用，事件将被传递给另一个第二层代理，从而使这些事件中断的到达转发目的地，例如 HDFS。

要想配置 Sink 组，首先要把代理的 Sink 组的属性设置为该 Sink 组的名称，然后为 Sink 组列出组中的所有 Sink 以及 Sink 处理器的类型。Sink 处理器的类型用于设置 Sink 的选择策略。

Sink 组基本属性配置见表 3-7。

表 3-7　Sink 组基本属性配置

属性	默认值	说明
sinks	–	组中多个 Sink 使用空格分隔
processor.type	default	default，failover 或 load_balance

从表格中可以看到，处理器类型 processor.type 代表了 Sink 的选择策略。一共有三种策略，分别为默认、故障转移和负载均衡。Agent 将根据 processor 的类型分发数据到不同的 Sink，如果 processor 的类型指定为 failover，就是故障转移实例；如果 processor 的类型指定为 load_balance，就是负载均衡的实例。对 Sink 组的配置举例如下。

```
a1.sinkgroups = g1
a1.sinkgroups.g1.sinks = k1 k2
a1.sinkgroups.gl.processor.type = failover
```

针对处理器类型的选择，是实现故障转移和负载均衡的核心。下面介绍三种类型的策略。

1. Default Sink Processor

默认的 Sink 处理器只支持单个 Sink。

2. Failover Sink Processor

故障转移处理器维护了一个带有优先级的 Sink 列表，故障转移机制将失败的 Sink 放入到一个冷却池中，如果 Sink 成功发送了事件，将其放入到活跃池中，Sink 可以设置优先级，数字越高，优先级越高，如果一个 Sink 发送事件失败，下一个有更高优先级的 Sink 将被用来发送事件，比如，优先级 100 的 Sink 比优先级 80 的 Sink 先被使用，如果没有设置优先级，按配置文件中配置的顺序决定。

总的来说，故障转移有主、备 Agent，主 Agent 负责数据的采集、传输、落地，备用 Agent 一直处于监听状态，一旦主 Agent 宕机，最高优先级的备用 Agent 启动，进行主 Agent 的工作，直到主 Agent 恢复。

故障转移属性配置见表 3-8。

表 3-8　故障转移属性配置

属性	默认值	说明
sinks	–	组中多个 Sink 使用空格分隔
processor.type	default	failover
processor.priority	–	优先级
processor.maxpenalty	30000	失败 Sink 的最大冷却时间

在此给出在三个 Avro 端点和一个 Logger 端点之间实现故障转移的配置。

```
# 定义 Agent 名称为 a1
# 设置 3 个组件的名称
a1.sources = r1
a1.sinks = k1 k2 k3 k4
a1.channels = c1

# 配置 Source 类型为 NetCat,监听地址为本机，端口为 44444
a1.sources.r1.type = netcat
a1.sources.r1.bind = localhost
a1.sources.r1.port = 44444

#配置 Sink 组
a1.sinkgroups = g1
a1.sinkgroups.g1.sinks = k1 k2 k3 k4
a1.sinkgroups.g1.processor.type = failover
a1.sinkgroups.g1.processor.priority.k1 = 5
a1.sinkgroups.g1.processor.priority.k2 = 10
a1.sinkgroups.g1.processor.priority.k3 = 15
a1.sinkgroups.g1.processor.priority.k4 = 20
a1.sinkgroups.g1.processor.maxpenalty = 10000

# 配置 Sink1 类型为 Logger
a1.sinks.k1.type = logger

# 配置 Sink2,3,4 类型为 Avro
a1.sinks.k2.type = avro
a1.sinks.k2.hostname = 192.168.85.135
a1.sinks.k2.port = 4040

a1.sinks.k3.type = avro
a1.sinks.k3.hostname = 192.168.85.135
a1.sinks.k3.port = 4041

a1.sinks.k4. type = avro
a1.sinks.k4.hostname = 192.168.85.135
a1.sinks.k4.port = 4042
```

　　# 配置 Channel 类型为内存，内存队列最大容量为1000，一个事务中从 Source 接收的 Events
数量或者发送给 Sink 的 Events 数量最大为 100

```
a1.channels.c1.type = memory
a1.channels.c1.capacity = 1000
a1.channels.c1.transactionCapacity = 100

# 将 Source 和 Sink 绑定到 Channel 上
a1.sources.r1.channels = c1
a1.sinks.k1.channel = c1
a1.sinks.k2.channel = c1
a1.sinks.k3.channel = c1
a1.sinks.k4.channel = c1
```

　　这个例子定义了三个 Avro sink 和一个 Logger sink 共四个 Sink，同时定义了一个 Sink 组
g1，来记录四个 Sink 的不同优先级以及超时惩罚。在实际工作中，如果 k4 挂掉，将会选择次优
先级的 k3 来继续发送事件。

3. Load Balancing Sink Processor

　　负载均衡处理器可以通过轮询或者随机的方式进行负载均衡，也可以通过继承 Abstract Sink
Selector 自定义负载均衡。负载均衡将多个 Sink 逻辑上分为一个 Sink 组，Sink 组配合不同的
Sink Processor 将数据相对均匀地分发到指定目录或者其他 Agent 实例。

　　负载均衡属性配置见表 3-9。

表 3-9　负载均衡属性配置

属性	默认值	说明
Sinks	–	组中多个 Sink 使用空格分隔
processor.type	default	load_balance
processor. backoff	false	是否将失败的 Sink 加入黑名单
processor. selector	round_robin	轮询机制：round_robin，random 或者自定义
processor.selector.maxTimeQut	30000	黑名单有效时间（单位毫秒）

　　在轮询机制中，round_robin 即逐个顺序轮询，random 是随机轮询。

　　承接故障转移的例子，想要实现负载均衡，只需要将 Sink 组的定义部分改为如下配置
即可。

```
#配置 Sink 组
a1.sinkgroups = g1
a1.sinkgroups.g1.sinks = k1 k2 k3 k4
a1.sinkgroups.g1.processor.type = load_balance
a1.sinkgroups.g1.processor.backoff = true
a1.sinkgroups.g1.processor.selector = round_robin
```

　　在实际工作中，事件信息将会按顺序每次在四个 Sink 中选择一个进行发送，从而实现
了负载均衡。

3.6 实践案例：使用 Flume 采集数据上传到 HDFS

本案例使用 Flume 实时监控本地单个文件，采集文件追加的内容，上传至 HDFS。

由于需要通过执行 Linux tail 命令读取文件追加的内容，因此 Source 使用 Exec Source，Exec Source 能够执行指定的命令，并从该命令标准输出中获取数据。Channel 可以使用 Memory Channel，也可以使用 File Channel，这里使用 Memory Channel。数据最终要写入 HDFS，因此选用 HDFS Sink 即可。图 3-7 显示了 Flume 采集数据上传到 HDFS 的系统结构。

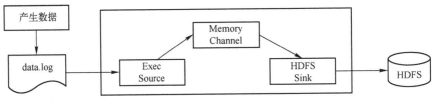

图 3-7　Flume 采集数据上传到 HDFS 系统结构

1）首先在 Flume 安装目录下创建 job 文件夹，用于存放 Flume Agent 配置文件：

```
cd /opt/module/apache-flume-1.9.0-bin/
mkdir job
```

2）进入 job 目录，创建 Flume Agent 配置文件 flume-file-hdfs.conf：

```
vim flume-file-hdfs.conf
```

3）写入以下内容：

```
# 定义组件
a2.sources = r2
a2.sinks = k2
a2.channels = c2

# 配置 Source
a2.sources.r2.type = exec
a2.sources.r2.command = tail -F /root/myData/data.log

# 配置 Sink
a2.sinks.k2.type = hdfs
a2.sinks.k2.hdfs.path = hdfs://localhost:9000/flume/%Y%m%d/%H
#上传文件的前缀
a2.sinks.k2.hdfs.filePrefix = logs-
#是否按照时间滚动文件夹
a2.sinks.k2.hdfs.round = true
#多少时间单位创建一个新的文件夹
a2.sinks.k2.hdfs.roundValue = 1
#重新定义时间单位
a2.sinks.k2.hdfs.roundUnit = hour
#是否使用本地时间戳
```

```
a2.sinks.k2.hdfs.useLocalTimeStamp = true
#积攒多少个 Event 才上传到 HDFS 一次
a2.sinks.k2.hdfs.batchSize = 100
#设置文件类型，可支持压缩
a2.sinks.k2.hdfs.fileType = DataStream
#多久生成一个新的文件
a2.sinks.k2.hdfs.rollInterval = 60
#设置每个文件的滚动大小
a2.sinks.k2.hdfs.rollSize = 134217700
#文件的滚动与 Event 数量无关
a2.sinks.k2.hdfs.rollCount = 0

# 配置 Channel
a2.channels.c2.type = memory
a2.channels.c2.capacity = 1000
a2.channels.c2.transactionCapacity = 100

# 连接组件
a2.sources.r2.channels = c2
a2.sinks.k2.channel = c2
```

4）创建 data.log 文件：

```
mkdir /root/myData
cd /root/myData
touch data.log
```

5）执行以下指令运行 Flume：

```
bin/flume-ng agent --conf conf/ --name a2 --conf-file /opt/module/apache-
flume-1.9.0-bin /job/flume-file-hdfs.conf
```

6）向 data.log 文件中追加内容：

```
echo hello01 >> /root/myData/data.log
```

查看 HDFS 的/flume 目录下文件，根据当前系统时间进入相应的目录，如图 3-8 所示，在/flume/20220911/16 目录下，可以看见新生成的文件 logs-.1662885763764。图 3-9 显示 logs-.1662885763764 的内容。

图 3-8　Flume 生成的文件列表

图 3-9　Flume 生成的文件内容

在配置 Sink 时设置了每 60 秒生成一个新的文件，等待 60 秒后继续向文件写入如下内容：

```
echo hello02 >> data.log
echo hello03 >> data.log
```

根据当前系统时间进入相应的目录，如图 3-10 所示，在/flume/20220911/16 目录下，可以看见生成了最新的文件 logs-.1662885868420。图 3-11 显示 logs-.1662885868420 的内容。

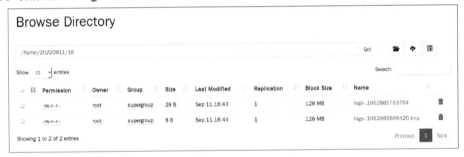

图 3-10　Flume 新生成的文件列表

图 3-11　Flume 新生成的文件内容

习题

1. Flume 的作用是什么？
2. Flume 的核心组件包括什么？它们的作用各是什么？
3. Memory Channel 和 File Channel 有什么不同？分别在什么情况下使用？
4. Flume 数据的基本传输单元是什么？它具有怎样的结构？

第4章 使用 Kafka 采集系统日志数据

Kafka 是由 LinkedIn 开发的一个分布式的、基于发布/订阅的消息系统，它以可水平扩展和高吞吐率而被广泛使用。在本章中主要让大家认识 Kafka，了解 Kafka 与 Flume 的区别与联系，掌握 Kafka 的安装部署和 Kafka 基本架构。在本章的最后，将给出两个使用 Kafka 采集日志数据的案例，帮助读者掌握 Kafka 的基本用法。

4.1 Kafka 概述

Kafka 是一个分布式的基于发布/订阅模式的消息队列（Message Queue），主要应用于大数据实时处理领域。Kafka 官方将其定义为一个开源的分布式事件流平台（Event Streaming Platform），用于高性能数据管道、流数据分析、数据集成和关键任务应用。它可以发布或订阅流数据，类似于消息队列或者企业消息系统，它也可以容错存储记录的数据流，还可以实时处理记录的数据流。本书主要探讨 Kafka 作为消息队列在数据采集中的应用。

4.1.1 消息队列

消息队列是在消息的传输过程中保存消息的容器，是分布式系统中重要的组件。Kafka 是消息队列的一种，除此之外，常用的消息队列还有 ActiveMQ、RabbitMQ、ZeroMQ 等。在发布/订阅模式下，消息的发布者不会将消息直接发送给特定的订阅者，而是将发布的消息分为不同的类别，订阅者只接收感兴趣的消息。消息队列常用来实现异步处理、服务解耦、流量控制。

消息队列能够实现异步处理。在同步处理过程中增加新的业务时，通常会在原有服务的基础上添加新的服务，这样会形成较长的请求链路。例如在某个场景下，用户填写注册信息后，注册信息被写入数据库，服务器接下来调用短信发送接口向用户发送短信，待短信发送成功后，再向用户响应注册成功信息。图 4-1 显示的是同步处理的过程。

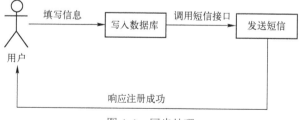

图 4-1 同步处理

相对于写入数据库，发送短信显然没有那么重要，没必要得到及时响应，所以只需要在信息写入数据库后，把消息传递到消息队列中就可以直接向用户响应了，这样响应速度更快，用户体验更好。图 4-2 显示的是异步处理的过程。

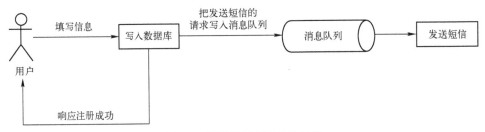

图 4-2　消息队列用于异步处理

另外，消息队列还可以用来解耦，如图 4-3 所示，消息队列允许独立的扩展或修改两边的处理过程，只需要确保它们遵循同样的接口约束。这样下游服务不再被数据源所限制，可以根据需要订阅相应的内容。

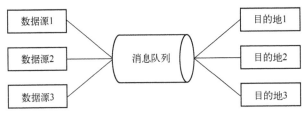

图 4-3　消息队列用于解耦

消息队列能够进行流量控制，有助于控制和优化数据流经系统的速度，解决生产消息和消费消息速度不一致的问题。如图 4-4 所示，当发送方向队列发送消息时，消息队列可以限制发送方发送的消息数量或速率，这可以通过设置队列的容量和发送消息的频率来实现。如果队列已满，则发送方必须等待，直到队列中有空闲的空间为止。

图 4-4　消息队列用于流量控制

4.1.2　Kafka 的特点

Kafka 的特点如下。

- 支持多个生产者和多个消费者。它可以用来从多个前端系统收集数据，并对外提供统一格式的数据。同时也支持多个消费者从一个单独的消息流上读取数据，而且能保证消费者之间互不影响。
- 高吞吐量。Kafka 可以支持每秒数百万的消息，这是由于 Kafka 的数据在磁盘中是顺序存储的，同时 Kafka 还利用了操作系统的页缓存和零拷贝机制，另外 Kafka 在读写数据时采取了批量读写和批量压缩。
- 可扩展性强。Kafka 是一个具有灵活伸缩性的系统，用户在开发阶段可以先使用少量的机器构成 Kafka 机器，随着需求的改变，可以向 Kafka 集群中添加更多的机器。
- 可靠性强。Kafka 采用分布式结构存储数据，每一个主题都被存储在多个分区上，同时 Kafka 的副本机制保证了数据的安全。

4.1.3　Kafka 与 Flume 的区别

　　Kafka 和 Flume 都是流式数据采集工具,它们在结构和功能上存在相似的地方,但是两个工具的侧重点是完全不同的。

　　在基本架构方面,Flume 拥有 Source、Channel、Sink 三大组件,Source 负责组件内接收数据,Channel 负责数据缓冲,Sink 负责移除和传递数据。而 Kafka 包括 Producer、Consumer、Broker 三大部分,Producer 是向 Kafka 集群发送消息的客户端,Consumer 是向 Kafka 集群索取消息的消费者,Broker 构成 Kafka 集群。

　　在功能侧重点方面,Flume 不直接提供数据持久化和实时计算,其功能侧重于数据采集和传输,Flume 追求的是数据来源和数据流向的多样性,适合多个生产者的场景,通常用来生产和收集数据。而 Kafka 提供对流的实时计算功能,追求的是高吞吐、高负载,适合多消费者场景,通常用来消费数据。

　　在有些场景下,将二者结合起来使用能达到更好的效果。一般情况下,服务器的日志数据由 Flume 采集,Flume 再将采集到的数据传输给 Kafka,本章最后一节将介绍 Flume 与 Kafka 结合的简单实例。

4.2　Kafka 的安装部署

　　本节首先介绍服务器集群规划,确定集群中每台服务器需要安装的软件;接下来介绍 Zookeeper 的安装部署,由于 Kafka 集群依赖于 Zookeeper,所以安装 Kafka 集群之前,应先确保 Zookeeper 集群已经安装启动;最后介绍 Kafka 的单机安装以及集群部署。

4.2.1　集群规划

　　在安装 Kafka 和 Kafka 所依赖的 Zookeeper 之前,首先对集群做出规划。本小节使用 3 台主机来模拟 Kafka 集群,IP 地址分别配置为 192.168.10.102、192.168.10.103、192.168.10.104。

　　下面配置 3 台主机的 IP 地址-主机名映射,将 192.168.10.102、192.168.10.103、192.168.10.104 分别命名为 hadoop102、hadoop103、hadoop104。将 3 主机的/etc/hosts 文件修改为:

```
192.168.10.102 hadoop102
192.168.10.103 hadoop103
192.168.10.104 hadoop104
```

　　在 3 台主机上分别安装 Kafka 和 Zookeeper。

4.2.2　安装 Zookeeper

　　Zookeeper 是 Apache 基金会的一个软件项目,它为大型分布式计算提供开源的分布式配置服务、同步服务和命名注册。

　　在 Kafka 集群中,Zookeeper 通常用于管理 Kafka 的元数据和状态,并帮助 Kafka 进行协调等操作。

（1）单机安装

本小节以 Zookeeper-3.5.6 为例进行介绍，在 Zookeeper 官网下载安装包，上传至主机 /opt/software 目录下，然后将下载文件解压到/opt/module，为了方便操作，可以将解压后的目录重命名为 zookeeper。

```
tar -zxvf apache-zookeeper-3.5.6-bin.tar.gz -C /opt/module/
```

进入 Zookeeper 安装目录下的 conf 目录，将 zoo_sample.cfg 重命名为 zoo.cfg。编辑 zoo.cfg，将 dataDir 修改为/opt/module/Zookeeper/zkData：

```
dataDir=/opt/module/Zookeeper /zkData  # 指定 data 目录
```

同时也需要在 Zookeeper 安装目录下创建 zkData 目录。

（2）集群配置

接下来配置服务器编号，分别进入 3 台服务器 Zookeeper 安装目录下的 zkData 目录，创建名为 myid 的文件，在文件中写入服务器编号后保存，hadoop102、hadoop103、hadoop104 分别设置编号为 2、3、4。

编辑 Zookeeper /conf /zoo.cfg，在文件中添加以下配置：

```
server.2=hadoop102:2888:3888
server.3=hadoop103:2888:3888
server.4=hadoop104:2888:3888
```

（3）启动

分别进入 3 台服务器的 Zookeeper 安装目录，执行以下命令启动 Zookeeper 服务：

```
bin/zkServer.sh start
```

输出以下信息表示启动成功：

```
Zookeeper JMX enabled by default
Using config: /opt/module/Zookeeper/bin/../conf/zoo.cfg
Starting Zookeeper ... STARTED
```

分别在 3 台服务器上执行以下命令，查看服务器当前状态信息：

```
bin/zkServer.sh status
```

第一台服务器输出如下信息：

```
Zookeeper JMX enabled by default
Using config: /opt/module/Zookeeper-3.5.6/bin/../conf/zoo.cfg
Client port found: 2181. Client address: localhost.
Mode: follower
```

第二台服务器输出如下信息：

```
Zookeeper JMX enabled by default
Using config: /opt/module/Zookeeper-3.5.6/bin/../conf/zoo.cfg
Client port found: 2181. Client address: localhost.
Mode: leader
```

第三台服务器输出如下信息：

```
Zookeeper JMX enabled by default
Using config: /opt/module/Zookeeper-3.5.6/bin/../conf/zoo.cfg
Client port found: 2181. Client address: localhost.
Mode: follower
```

集群已经启动成功，并且可以看到，在 3 台服务器中，有一台作为 Leader，另外两台作为 Follower。

4.2.3　安装 Kafka

本小节将 Kafka 与 Zookeeper 部署在了相同的 3 台机器上，但在生产环境中，一般将 Kafka 与 Zookeeper 分别部署在不同的机器中。

（1）单机安装

本小节采用的是 Kafka_2.12-3.0.0，从 Kafka 官网下载 kafka_2.12-3.0.0.tar 上传至主机 /opt/software 目录下，然后将下载文件解压到/opt/module，为了方便操作，可以将解压后的 kafka_2.12-3.0.0 目录重命名为 kafka。

```
tar -zxvf kafka_2.12-3.0.0.tar -C /opt/module/
```

（2）集群配置

在 Kafka 安装目录下，修改 config/server.properties 文件，分别配置 broker.id、log.dirs、zookeeper.connect 三项。首先，需要保证在同一个集群下每台主机的 broker.id 唯一，分别将 hadoop102、hadoop103、hadoop104 的 broker.id 配置为 0、1、2。另外，将 zookeeper.connect 属性配置为上一小节中的 3 台 Zookeeper 服务器 IP 和端口号：

```
broker.id=0  # 配置 Broker 编号
log.dirs=/opt/module/Kafka/datas  # 配置 log 目录
zookeeper.connect=hadoop102:2181,hadoop103:2181, hadoop104:2181/Kafka
```

（3）启动

分别进入 3 台服务器的 Kafka 安装目录，执行以下命令启动 Kafka 服务：

```
bin/kafka-server-start.sh -daemon config/server.properties
```

输入 jps 命令查看 java 进程，输出以下信息：

```
7459 QuorumPeerMain
7865 Kafka
20606 Jps
```

可以看到 Kafka 进程存在，证明本地 Kafka 启动成功。

在 Zookeeper 安装目录下执行以下命令启动 Zookeeper 客户端：

```
bin/zkCli.sh
```

在 Zookeeper 客户端中输入以下命令，查看 Kafka 节点信息：

```
[zk: localhost:2181(CONNECTED) 9] ls /kafka/brokers/ids
[0, 1, 2]
```

至此，3 台服务器的 Kafka 正常启动。

4.3　Kafka 的基本架构

这一部分主要介绍 Kafka 的基本架构，Kafka 由 Producer、Consumer 和 Broker 三大部分组成，Producer 产生的消息在集群中被分配到不同的主题（Topic），一个非常大的主题又可以分为多个分区（Partition）。另外，Kafka 的工作需要 Zookeeper 的配合，Kafka 利用 Zookeeper 保存元数据信息。

4.3.1　Kafka 的消息系统

消息系统负责将数据从一个应用传输到另一个应用，因此应用程序可以专注于数据，而不必担心如何共享数据。Kafka 的消息系统基于发布/订阅模式，如图 4-5 所示，发布者不会将消息直接发送给接收者，而是以某种方式对消息进行分类，接收者根据各自需要接收特定类型的消息。这种模式能够降低系统的耦合性，提升系统的扩展能力。

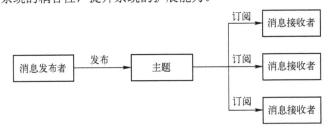

图 4-5　Kafka 的消息系统

4.3.2　Producer 与 Consumer

Kafka 作为消息系统，拥有生产者（Producer）和消费者（Consumer）两个基本组件。生产者负责生产消息，将消息写入 Kafka 集群，消费者负责消费消息，从 Kafka 集群中拉取消息。用户可以直接使用 Kafka 提供的命令行客户端程序，也可以使用生产者和消费者的客户端 API 开发 Kafka 应用程序。

使用生产者向 Kafka 集群发送消息时，需要事先指定消息的主题。生产者首先会使用序列化器把要发送的数据序列化成字节数据，以便在网络上传输。随后数据交给分区器处理，分区器用于确定消息要发往哪个分区。一般情况下，生产者采用默认分区器，将消息均匀分布到主题的所有分区上，某些特点场景下，生产者也可以使用自定义分区器，根据业务规则来决定把消息发往不同分区。确定主题和分区后，生产者将数据放入缓冲区，由一个独立的线程负责把数据分批次包装成一个个 Batch 并依次发送给相应的 Broker。服务器收到响应时会返回响应信息，如果成功则返回元数据，如果失败则按照规则重传。图 4-6 显示的是生产者发送消息的整个过程。

消费者能够订阅一个或多个主题，消费者以拉（Pull）的方式主动向 Kafka 集群获取数据。消费者能够通过操作偏移量（Offset）来标记读取的位置。偏移量是一个不断递增的整数值，由消费者提交到 Kafka 或 Zookeeper 中保存，消费者的关闭不会使读取状态丢失。每一个消费者都属于某一个消费者组，每个消费者组由组 id 唯一标识，需要保证每个分区的数据只能由消费者组中的一个消费者消费。

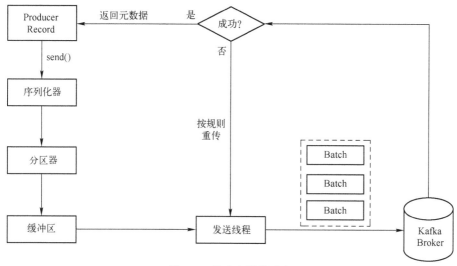

图 4-6　生产者发送消息

4.3.3　主题与分区

主题（Topic）是对消息的分类，生产者和消费者面向的都是一个主题，生产者能将消息发往特定的主题，消费者也能订阅主题并进行消费。

为了将一个主题分布到多个服务器中，以实现数据冗余和扩展性，一个主题又被分为多个分区（Partition），每个分区都是一个有序队列。

由于一个主题横跨了多个服务器，由多个分区组成，因此 Kafka 无法保证消息在整个主题范围内的有序性，但能够保证在每个分区中的有序性。消息以追加的方式写入各分区，又以先入先出的方式从分区读出，读写磁盘都是顺序进行的，这一点保证了 Kafka 的高吞吐率。如图 4-7 所示，一个主题被分成了三个分区，消息以追加的方式写入各分区尾部。

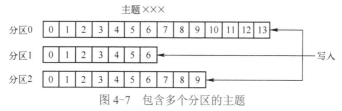

图 4-7　包含多个分区的主题

4.3.4　Broker 与 Kafka 集群

一台 Kafka 服务器就是 Broker，一个 Kafka 集群由多个 Broker 组成。Broker 能够接收并存储生产者发来的消息，也能响应消费者的数据请求。每个集群都有一个 Broker 被选举出来作为集群控制器（Controller），控制器除了完成一般 Broker 的工作之外，同时还负责监听主题和分区的变化、监听 Broker 的变化、更新集群元数据信息等。

每个分区可以拥有多个副本（Replica），这些副本被分配给多个 Broker，这就会发生主从复制，这种机制实现了消息冗余。每个分区都有一个首领（Leader）副本。为了保证一致性，所有生产者和消费者请求都会经过这个 Leader 副本。Leader 以外的副本都是跟随者（Follower）副本。Follower 副本的任务就是从 Leader 那里复制消息，保持与 Leader 一致的状态。如果 Leader 发生崩溃，其中一个 Follower 会被提升为新 Leader，选举新 Leader 是由控制器 Broker 来完成的。

4.3.5 Zookeeper 在 Kafka 中的作用

Kafka 的工作需要 Zookeeper 的配合，Kafka 利用 Zookeeper 保存元数据信息，元数据信息包括节点信息、主题信息、集群信息、分区信息、副本信息等。Kafka 工作过程中，在 Zookeeper 中创建相应的节点保存元数据信息，Kafka 同时也会监听这些节点的元数据变化。

一个 Kafka 集群由多个 Broker 组成，这就需要一个注册中心来进行统一管理。Zookeeper 用一个专门节点保存 Broker 列表，Broker 在启动时，在 Zookeeper 上进行注册，Zookeeper 创建这个 Broker 节点，并保存 Broker 的 IP 地址和端口。一旦 Broker 关机，这个节点会被自动删除。

每个主题的信息都会被记录在 Zookeeper 上，由于一个主题的消息会被保存到多个分区上，Zookeeper 需要记录这些分区与 Broker 的对应关系。

主题的每个分区拥有多个副本，当 Leader 副本所在的 Broker 发生故障时，分区需要重新选举 Leader，这需要由 Zookeeper 主导完成。故障的 Broker 重新启动后，会把自己的信息注册到对应的主题中。

另外，消费者组也会向 Zookeeper 进行注册，Zookeeper 会为其分配节点来保存相关数据。而生产者可以根据 Zookeeper 节点存储的信息获取 Broker 集群变化，这样可以实现动态负载均衡。图 4-8 显示的是 Kafka 的集群结构，以及 Zookeeper 在 Kafka 中的作用。

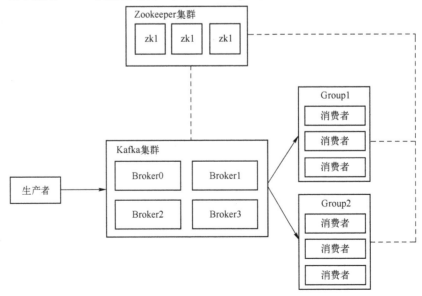

图 4-8　Kafka 集群结构

4.4　实践案例：使用 Kafka 采集本地日志数据

应用程序通常将日志写入本地文件，再由 Kafka 生产者程序将数据写入 Kafka 集群。本例中通过编写一个 Kafka 生产者程序，监控本地日志数据，利用 Kafka 异步发送 API 将最新写入日志的数据发送到 Kafka 集群。

首先启动 Zookeeper 集群和 Kafka 集群，在 Kafka 安装目录下执行以下命令，创建一个分区数为 3，副本数为 2，名称为 first 的主题：

```
bin/kafka-topics.sh --bootstrap-server hadoop102:9092 --create --partitions 3 --replication-factor 2 --topic first
```

控制台打印如下信息表示主题创建成功：

```
Created topic first.
```

在 Kafka 安装目录执行以下命令可以看到 first 主题的描述信息：

```
bin/kafka-topics.sh --bootstrap-server hadoop102:9092 --describe --topic first
```

该命令能够查看指定主题的分区数、副本数、分区 Leader 等信息：

```
Topic: first TopicId: 0w8a8GO8RAKdufkdVManwA      PartitionCount: 3
ReplicationFactor: 2 Configs: segment.bytes=1073741824
Topic: first3    Partition: 0    Leader: 0    Replicas: 0,1    Isr: 0,1
Topic: first3    Partition: 1    Leader: 2    Replicas: 2,0    Isr: 2,0
Topic: first3    Partition: 2    Leader: 1    Replicas: 1,2    Isr: 1,2
```

接下来创建 maven 项目，并引入 Kafka 依赖库。本节所采用的 Kafka 版本为 3.0.0，因此在 pom.xml 文件中添加 3.0.0 版本的 Kafka-clients：

```
<dependency>
    <groupId>org.apache.kafka</groupId>
    <artifactId>kafka-clients</artifactId>
    <version>3.0.0</version>
</dependency>
```

编写消费者代码：

```
package com.sjcjyycljs.Kafka.reader;
import org.apache.Kafka.clients.Producer.KafkaProducer;
import org.apache.Kafka.clients.Producer.ProducerConfig;
import org.apache.Kafka.clients.Producer.ProducerRecord;
import org.apache.Kafka.common.serialization.StringSerializer;
import java.io.File;
import java.io.IOException;
import java.io.RandomAccessFile;
import java.util.Properties;
import java.util.concurrent.Executors;
```

```java
import java.util.concurrent.ScheduledExecutorService;
import java.util.concurrent.TimeUnit;

public class LogView {
    private long lastTimeFileSize = 0; //上次文件大小
    /**
     * 实时输出日志信息
     * @param logFile 日志文件
     * @throws IOException
     */
    public void realtimeShowLog(File logFile) throws IOException {
        //指定文件可读可写
        final RandomAccessFile randomFile = new RandomAccessFile(logFile,"r");
        //启动一个线程每1秒钟读取新增的日志信息
        ScheduledExecutorService exec = Executors.newScheduledThreadPool(1);
        exec.scheduleWithFixedDelay(new Runnable(){
            public void run() {
                try {
                    //获得日志文件变化的部分
                    randomFile.seek(lastTimeFileSize);
                    String tmp = "";
                    while( (tmp = randomFile.readLine())!= null) {
                        send(new String(tmp.getBytes("ISO8859-1")));
                    }
                    lastTimeFileSize = randomFile.length();
                } catch (IOException e) {
                    throw new RuntimeException(e);
                }
            }
        }, 0, 1, TimeUnit.SECONDS);
    }
    /**
     * Kafka 生产数据
     * @param data 数据
     */
    public void send(String data){
        // 创建配置对象
        Properties properties = new Properties();
        // 配置 Kafka 服务器主机和端口号
        properties.put(ProducerConfig.BOOTSTRAP_SERVERS_CONFIG,"hadoop102:9092,
hadoop103:9092");
        // 配置序列化
        properties.put(ProducerConfig.KEY_SERIALIZER_CLASS_CONFIG, StringSerializer.
class.getName());
        properties.put(ProducerConfig.VALUE_SERIALIZER_CLASS_CONFIG, StringSerializer.
```

```
class.getName());
            // 创建 Kafka 生产者
            KafkaProducer<String,String> KafkaProducer = new KafkaProducer<String,
String>(properties);
            // 生产者发送数据
            KafkaProducer.send(new ProducerRecord<String,String>("first",data));
            // 关闭资源
            KafkaProducer.close();
        }

        public static void main(String[] args) throws Exception {
            LogView view = new LogView();
            final File tmpLogFile = new File("d:/appData.log");
            view.realtimeShowLog(tmpLogFile);
        }
    }
```

程序能够监控 D:/appData.log 本地日志文件数据变化，当有新的数据写入文件后，程序能够作为 Kafka 生产者将数据发送到 Kafka 集群。

程序主方法调用 realtimeShowLog 方法，传入日志文件的 File 对象。realtimeShowLog 方法中启动一个线程，线程每间隔一定时间读取一次日志信息，获取日志文件变化的部分，调用 send 方法发送数据到 Kafka 集群。send 方法利用 Kafka 异步发送 API 实现生产者发送功能。

生产者代码编写完成后，需要启动一个消费者客户端，用于消费并展示 Kafka 采集到的日志信息。在 Kafka 安装目录下执行以下命令启动消费者客户端并连接到 Kafka 集群：

```
bin/Kafka-console-Consumer.sh --bootstrap-server hadoop102:9092 --topic first
```

运行 java 生产者程序，此时程序开始采集日志信息。手动向 D:/appData.log 追加数据：

```
D:\>echo hello >> appData.log
D:\>echo hi >> appData.log
```

观察消费者打印出来的信息：

```
bin/Kkafka-console-Consumer.sh --bootstrap-server hadoop102:9092 --topic first
hello
hi
```

至此，完成 Kafka 对本地日志数据的采集。

4.5　实践案例：Kafka 与 Flume 结合采集日志数据

上一节中，通过手动编写代码，调用 Kafka 生产者 API 上传日志数据到 Kafka 集群，实现了 Kafka 对本地日志数据的采集。而在生产环境中，一般采用日志采集工具来完成此项工作。Flume 就是一款常用的数据采集工具，通过 Flume 将应用程序产生的日志同步到 Kafka 集群，图 4-9 显示的是 Kafka 与 Flume 结合采集数据的系统结构。

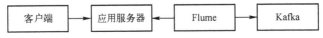

图 4-9　Kafka 与 Flume 结合采集数据的系统结构

本书第 3 章已经介绍过 Flume 的安装和配置，这里不再重复。

在 Flume 安装目录下创建 job 目录，在 job 目录下创建 file_to_Kafka.conf 文件，将以下内容写入配置信息：

```
# 1 组件定义
a1.sources = r1
a1.sinks = k1
a1.channels = c1
# 2 配置源
a1.sources.r1.type = TAILDIR
a1.sources.r1.filegroups = f1
a1.sources.r1.filegroups.f1 = /opt/module/applog/app.log
a1.sources.r1.positionFile = /opt/module/Flume/taildir_position.json
# 3 配置通道
a1.channels.c1.type = memory
a1.channels.c1.capacity = 1000
a1.channels.c1.transactionCapacity = 100
# 4 配置接收器
a1.sinks.k1.type = org.apache.Flume.sink.Kafka.KafkaSink
a1.sinks.k1.Kafka.bootstrap.servers = hadoop102:9092,hadoop103:9092,hadoop104:9092
a1.sinks.k1.Kafka.topic = first
a1.sinks.k1.Kafka.FlumeBatchSize = 20
a1.sinks.k1.Kafka.Producer.acks = 1
a1.sinks.k1.Kafka.Producer.linger.ms = 1
# 5 拼接组件
a1.sources.r1.channels = c1
a1.sinks.k1.channel = c1
```

以上配置中，首先定义组件，指定源、通道、接收器的名称；其次配置源，指定类型为 TAILDIR，监控 /opt/module/applog/app.log 日志文件内容，将断点保存在 /opt/module/Flume/ taildir_position.json 文件中；接着配置通道，指定通道为 memory。然后配置接收器，接收器从通道获取信息写入 Kafka，指定接收器类型为 KafkaSink，还需要指定 Kafka 集群服务器的 IP 和端口号、需要写入的主题等；最后将所有组件拼接在一起，完成配置。

Flume 配置完成后，首先启动 Zookeeper 集群和 Kafka 集群，并启动一个 Kafka 消费者客户端，用于消费并展示 Kafka 采集到的日志信息。在 Kafka 安装目录下执行以下命令启动消费者客户端并连接到 Kafka 集群：

```
bin/Kafka-console-Consumer.sh --bootstrap-server hadoop102:9092 --topic first
```

接下输入以下命令后台启动 Flume：

```
bin/Flume-ng agent -c conf/ -n a1 -f jobs/file_to_Kafka.conf &
```

此时 Flume 已经开始采集本地日志文件信息，尝试向/opt/module/applog/app.log 追加信息：

```
echo hello >> /opt/module/applog/app.log
echo 12345 >> /opt/module/applog/app.log
```

查看 Kafka 消费者，已经能够读取到日志数据：

```
bin/Kafka-console-Consumer.sh --bootstrap-server hadoop102:9092 --topic first
hello
12345
```

至此，完成 Flume 与 Kafka 结合使用采集日志数据。

习题

1. 简述什么是 Kafka，Kafka 的作用是什么。
2. Kafka 和 Flume 通常如何分工？
3. Zookeeper 中保存了 Kafka 哪些数据？
4. 简述 Kafka 生产者和消费者的工作流程。
5. 为什么要将每个主题分成多个分区？

第 5 章　其他常用的系统日志数据采集工具

在第 3 章和第 4 章中已经详细介绍了主流的系统日志数据采集工具，本章将介绍其他常用的系统日志数据采集工具，包括这些工具各自的特点、配置、安装过程以及验证方法，并在最后通过一些具体案例以帮助读者全面了解这些工具。

5.1　Scribe

Scribe 是早期流行于 Meta 的前身——Facebook 内部的开源日志数据采集工具，主要用于对大型系统进行监控。Scribe 的使用非常简单，用户只需对 Scribe 中的全局配置、局部配置以及存储类型进行相关设置就可以使用它对日志数据进行采集。

5.1.1　Scribe 简介

Scribe 的工作原理是首先从各种数据源上获取日志数据，然后将获取到的数据集中存储到预先给定的系统之中，之后再对这些数据进行后续的统计、分析与处理等操作。

Scribe 具有能够进行分布式采集与处理数据、容错能力强以及拓展性好等特点。

1）分布式。分布式意味着使用 Scribe 的数据源可以不止一处，数据的采集与处理过程也可以不在单独的一台计算机上完成，Scribe 可以部署在每个需要采集日志的机器上。另一方面，Scribe 支持 C/S 架构，能够把从多个数据源上获取的日志数据信息汇总到预先设置的总服务器上，再进行处理。

2）容错性强。当存储汇总信息的总服务器出现故障后，Scribe 可以将获取的日志数据信息暂时存储在本地（数据源的计算机），当总服务器恢复功能后，Scribe 再将日志数据信息重新发送给总服务器。

3）良好的水平拓展性能。Scribe 支持多种编程语言和存储结构，使用了 Thrift 框架、Libevent 库等，这使得 Scribe 的性能得到了极大提升。

5.1.2　Scribe 的配置文件

Scribe 的配置文件分为全局配置、存储配置以及存储类型三个部分。

（1）全局配置

可配置的参数如下所示。

1）port：用于设置 Scribe 服务器的监听端口，默认为 0。

2）max_queue_size：用于设置接收信息的队列的最大字节，默认为 5000000 字节。

3）check_interval：用于设置检查存储的时间间隔，默认为 5s。

4）max_conn：用于设置最大的连接数。

5）num_thrift_server_thread：用于设置消息的监听线程数量，默认为 3。

（2）存储（Store）配置

每个存储必须设置一个消息分类（Category）以处理异常，对于每个存储，需要设置以下三种消息分类以处理不同类型的异常。

1）设置为 overload：当存储的队列长度达到一定阈值时，Scribe 会将新的日志消息放入该分类中，以避免存储过载。

2）设置为 failure：当存储出现故障时，Scribe 会将日志消息放入该分类中。这些消息可以被另一个存储处理，以避免数据丢失。

3）设置为 Dropped：当 Scribe 无法将日志消息发送到任何存储时，它会将日志消息放入该分类中。这通常发生在 Scribe 配置文件中未定义任何存储或所有存储都无法接收消息的情况下。存储配置有以下三种类型：

1）默认存储类型：默认分类处理任何不能被其他存储类型处理的分类。

2）前缀存储类型：处理所有以指定前缀开头的分类。

3）复合存储类型：在一个存储中含有多个分类。

（3）存储类型

存储类型指的是存储所需的数据时使用的某种标准格式，Scribe 中内置了多种存储类型，以便用户根据自身需要选择合适的类型，常见的存储类型如下。

1）file 存储：将日志数据信息写入到文件或网络文件系统（Network File System，NFS）中。file 存储可配置的参数如下所示。

- file_path：用于设置文件的路径，默认为"/tmp"。
- base_filename：用于设置基本文件名称，默认为分类名称。
- use_hostname_sub_directory：用于设置是否使用 hostname 创建一个子目录，默认为"否"。
- sub_directory：用于设置一个指定的名称创建子目录。
- rotate_period：用于指定文件的创建频率。参数以 name[后缀]的形式写在后缀中，后缀可以是"s""m""h""d""w"，分别代表秒（Seconds）、分（Minutes）、时（Hours）、天（Days）、周（Weeks），默认为"s"。
- rotate_hour：用于设置文件的创建频率，单位为小时，取值范围为 0～23，默认为 1。
- max_size：用于设置文件存储空间的最大值，默认为 1000000000 字节。
- fs_type：用于设置文件的类型，目前仅支持 std 和 hdfs（Hadoop 提供的一套用于进行分布式存储的文件系统）两种类型，默认为 std 类型。
- chunk_size：用于指定数据块的大小，如果接收到的消息不超过数据块的大小，则不允许跨数据块存储消息，默认为 0。

2）Network 存储：Network 存储会向其他 Scribe 服务器发送消息，Scribe 必须创建一个链接并保证它的开启状态以确保 Network 能够发送信息（如果产生错误信息，或机器故障，将会创建一个新的链接）。正常情况下，Network 存储所在的 Scribe 会根据当前缓存中存在多少条信息处于等待发送状态，而分批次发送这些信息。Network 可配置的参数如下。

- remote_host：用于指定发送信息的远程主机的名称或 IP 地址。

- remote_port：用于设置处于远程主机上的端口。
- se_conn_pool：用于设置是否使用连接池代替每一个远程主机打开的链接，默认为"否"。

3）Buffer 存储：Buffer 存储是最常用的存储类型，该存储有两个子存储，Primary Store 和 Secondary Store。日志数据信息会优先写入到 Primary Store 中，如果出现异常状态，才会存储到 Secondary Store 中。待恢复正常后，存储到 Secondary Store 中的信息会被复制到 Primary Store 中。Secondary Store 中仅支持 file 类型和 Null 类型的存储。

- max_queue_length：用于设置队列中信息数量的最大值，如果信息的数量超过该值，则将超出的信息存入到 Secondary Store 中。
- buffer_send_rate：用于设置在一个 check_interval 内，从 Secondary Store 中读出一组数据发送到 Primary Store 中的次数，默认为 1。
- retry_interval：用于设置在 Primary Store 存储信息失败，多长时间后将信息发送到 Primary Store 中，默认为 300 秒。
- retry_interval_range：用于设置 Retry_interval 取值的区间，默认为 60 秒。
- replay_buffer：用于指定 Buffer 存储能否从 Secondary Store 中移除信息并发送到 Primary Store 中。

4）Null 存储：忽略指定类别的信息，无可配置的参数。

5）Multi 存储：将所有信息转发给多个子存储（如"store1""store2""store3"等）。

6）Bucket 存储：该存储类型包括一系列其他类型的存储，具体使用哪一个存储由所定义的 Hash 函数决定。

5.1.3 实践案例：使用 Scribe 采集系统日志数据

下面将使用 Scribe 文件包中自带的例子 Example，演示如何采集系统日志数据。

Scribe 的运行过程可以大致分为以下两个部分。

1. 配置（Configuration）

配置是对 Scribe 中部分文件的默认参数进行修改，配置文件的相关信息已在上一小节中进行了阐述。本案例中将使用系统的默认配置信息。

2. 运行服务器（Running Scribe Server）

1）启动：进入 Scribe 文件包，Example 源代码中的根目录中，执行如下命令查看 examples1.conf 配置文件的信息。

```
scribed examples/examples1.conf
```

如果已经成功安装了 Scribe，则会出现以下提示信息：

```
[wed Aug 19 13:04:122010] "STATUS:STARTING"[ wed May 19 13:04:122010] "STATUS:
configuring"
    [wed Aug 19 13:04:122010] "got configuration data from file <examples/
example1.conf>"
    [wed May 1913:04:12 2010]"CATEGORY : default"
```

```
[wed Aug 19 13:04:122010] "creating default store"
[wed Aug 19 13:04:122010] "configured <1> stores"
[wed Aug 1913:04:122010] "STATUS: "
[wed Aug 1913:04:122010] "STATUS:ALIVE"
[wed Aug 19 13:04:122010] "Starting scribe server on port 1463"
Thrift: Wed Aug 19 13:04:12 2010 libevent 1.4.13-stable method epoll
```

2）执行如下操作修改配置文件，相关内容如注释所示。

```
#创建消息目录
mkdir /tmp/scribetest
#启动 scribe
scribed -c scribe.cfg
#在另一个窗口输入如下内容
echo "test_1" | scribe_cat scribe_test1
#检查记录的信息
cat /tmp/scribetest/scribe_test1/scribe_test1_current
#检查 scribe 的状态
scribe_ctrl status
#检查 scribe 记录的信息数
scribe_ctrl counters
```

3）查看运行结果，结果如下。

```
#创建消息目录
mkdir /tmp/scribetest
root@debian6-2:/tmp# mkdir /tmp/scribetest
root@debian6-2:/tmp# echo "test_1" l scribe_cat scribe_test1
root@debian6-2:/tmp# cat /tmp/scribetest/scribe_test1/scribe_test1_currenttest_1
root@debian6-2:/tmp# scribe_ctrl statusALIVE
root@debian6-2:/tmp# scribe_ctrl countersscribe_test1:received good: 1
scribe_overall:received good: 1root@debian6-2 : /tmp#
```

5.2　Chukwa

Chukwa 是由 Apache 软件基金会开发的开源数据采集系统，它的延展性非常好，基础架构也易于用户理解和使用，用户只需简单学习架构中部分组件的功能和设置就可以使用 Chukwa 进行日志数据采集。

5.2.1　Chukwa 简介

Chukwa 隶属于 Apache 旗下，是除 Flume 外的另一大开源数据采集系统。Chukwa 构建于 Hadoop 的分布式文件系统（HDFS）和 Map/Reduce 架构之上，因此它继承了 Hadoop 的可构建性和健壮性。此外，Chukwa 内置的工具集使得它在数据的展示、监控和分析方面也占有一席之地。

与其他日志数据采集工具相比，Chukwa 更注重于和其他软件的协同使用以及适用于更多场景中，这使得 Chukwa 在数据采集方面也占有一席之地，此外，Chukwa 还具有以下几个特点。

1）延展性强：Chukwa 自带了许多针对 Hadoop 的分析项，并且提供了一个对大数据量日志类数据的采集、存储、分析和展示的全套解决方案和框架，用户还可以根据自己的需要对 Chukwa 的功能进行扩展。

2）关联性强：Chukwa 并不能单独工作，即在单个节点上部署 Chukwa 并不能起到什么作用。因此要使 Chukwa 发挥作用，首先需要首先要搭建 Hadoop 环境，然后在 Hadoop 上搭建 Chukwa 环境。

3）适用范围更大：Chukwa 可以用于监控大规模（节点数量达到 2000 以上，并且这些节点每天产生的数据量在 T 级别）Hadoop 集群的整体运行情况并对它们的日志进行分析。

5.2.2　Chukwa 架构与数据采集

Chukwa 的架构主要由以下几个部分组成。

- Agents：负责采集最原始的数据，并发送给 Collector。
- Adaptors：是直接采集数据的接口和工具，一个 Agent 可以管理多个 Adaptors 的数据采集。
- Stream 和 Log Files：Streaming（数据流）以及 Log Files（日志文件）表示 Chukwa 所采集数据的来源。
- Collectors：负责采集来自 Agents 的数据，并定时写入集群中。
- Map/Reduce jobs：一个会定时启动的部件，负责对集群中的数据进行分类、排序、去重和合并等操作。
- HBase：一种基于 Hadoop 文件系统上的分布式数据库，用于对 Chukwa 采集到的数据进行存储。
- Analysis Scripts：简称分析脚本，用于对数据中的文字信息进行处理，包括对文字的精读以及大意猜测。
- HICC：负责数据的相关展示与表现。
- Cmd Line Utilities：命令行工具，用于用户可以通过该工具对 Chukwa 进行控制。

Chukwa 的架构如图 5-1 所示，从图中可以看出，Adaptors、Agents、Streaming 以及 Log Files 构成了 Monitored Source Nodes，即被控制的数据源节点，而 Collectors、HFDS、Map/Reduce、HICC、HBase、Analysis Scripts、Cmd Line Utilities 构成了 Chukwa 集群（Cluster），被控制的数据源节点以及 Chukwa 集群共同构成了 Chukwa 的主要架构。

下面将对 Chukwa 中的组件进行详细说明。

（1）Agent 和 Adaptors

在每个数据的生成处，Chukwa 需要配置相应的 Agent 采集所需的数据，采集到的数据各自有不同的数据类型，这些数据类型需要绑定不同的 Adaptor，并在配置文件设置数据类型的相关信息。

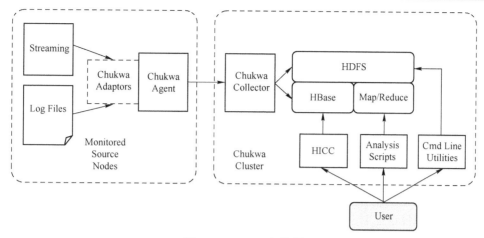

图 5-1　Chukwa 架构图

通常情况下，Chukwa 会对一些常规的数据源，如 HttpSender、Log 日志文件、命令行的输入输出，配备相对应的 Adaptor。这些对应的 Adaptor 会自动对与各自绑定的数据源进行相关操作（如定期接收数据、检查数据合法性、修改数据格式等），用户还可以根据自己的需要配置相应的 Adaptor 实现自己的需求。

Chukwa 还采用了"看门狗（Watch Dog）"机制，该机制为了防止数据采集端的 agent 发生故障停止工作，会定时或在给定的时间内自动重启已停止的数据采集工作，从而防止采集数据的丢失。此外，对于重复采集到的数据，Chukwa 也会自动对这些数据进行去重操作，起到节省空间的作用。

（2）Collectors

对于采集到的数据，通常需要一个存储空间用于存放这些数据。默认情况下，Agent 会自动将从数据源采集到的数据存放到 Hadoop 集群上，但 Hadoop 集群的一大弊端是它不擅长处理数量级较大的小型文件。为此，Chukwa 引入了 Collectors 组件，该组件的作用是先将小数据进行整合与归总，然后存放于集群之中。Collectors 也有它自己的弊端，即单个 Collectors 性能并不强大，因此在实际应用中，常常需要配置多个 Collectors。

（3）Demux 和 Archive

要实现对来自数据源的数据的具体分析操作，需要在 Map/Reduce 阶段进行。在 Map/Reduce 阶段中，Chukwa 提供了 Demux 和 Archive 两个主要组件。

Demux 组件的主要工作内容是对采集到的数据进行去重、归类和排序操作。来自多个数据源的数据各自具有不同的数据类型，Demux 会根据这些数据的数据类型对它们进行不同的操作，同时用户也可以根据自身的需求对 Demux 进行相关的设置。Demux 同时也具备相当强大的延展性，Chukwa 提供了一个 Demux 的接口，可以使用 Java 语言对 Demux 的功能进行扩展。

Archive 组件的主要工作内容是对经过 Demux 组件处理后的数据进行合并和归类操作，节省存储空间，从而减轻服务器的压力。

（4）HICC

数据被获取、处理之后，还需要考虑相关的展示问题，HICC 是一个用于数据展示的组件，可以使用数组、曲线图、柱状图等对数据进行展示。对于不断获取的新数据，HICC 会采用 Robin 策略，防止服务器压力过大产生故障，并提供分时间段的数据展示。HICC 的内部显示界面可以通过 Java Server Pages 技术进行编写，更易于用户上手，页面和数据展示方式的修改也更加便捷。

5.2.3　实践案例：使用 Chukwa 采集系统日志数据

由于 Chukwa 是基于 Hadoop 的日志采集框架，所以使用 Chukwa 采集系统日志数据前需要确保系统中已经安装部署了 Hadoop。

Chukwa 的工作原理是先通过 initial_adaptor 文件配置的 Adaptor 对系统的日志数据进行采集，然后再将数据发送至 Collector 集群，最后再将数据存储至 Hadoop 上，所以本案例将先进行对 initial_adaptor 文件的配置。

1）首先，打开 Chukwa 安装目录下的/etc/chukwa 的 initial_adaptor 文件，输入以下命令修改文件信息：

```
#依次指明监测接口的实现类、数据类型、起始点、日志文件以及已采集的文件大小
add filetailer.FileTailingAdaptor FooData /app/chukwa-0.6.0/testing 0
```

2）接下来对 Collerctor 进行配置，打开/etc/chukwa 目录下的 chukwa-collector-con.xml 文件，输入以下内容修改管道名、服务器端地址等属性。

```
#Chukwa 0.5 版本添加了写入到 HBase 的实现，如果不需要则应恢复默认
<!-- Sequence File Writer parameters -->
<property>
    <name>chukwaCollector.pipeline</name>#定义管道名
    <value>org.apache.hadoop.chukwa.datacollection.writer.SocketTeeWriter,org.
apache.hadoop.chukwa.datacollection.writer.Se#
</property>
#设置服务器端地址
<property>
    <name>writer.hdfs.filesystem</name>
    <value>hdfs://hadooptest:9000</value>
</property>
```

3）打开 etc/chukwa 目录下的 agents 和 collectors 文件，将地址均改为 localhost 以便相关操作的进行均在本机上完成。

4）配置完成后，通过以下命令启动 Chukwa 和 Hadoop。

```
#启动 Hadoop
cd /app/hadoop-1.1.2/bin/start-all.sh
jps
#启动 Chukwa
cd /app/chukwa-0.6.0/bin/start-chukwa.sh
cd /app/chukwa-0.6.0/bin/start-collectors.sh
cd /app/chukwa-0.6.0/bin/start-data-processors.sh
```

5）启动完成后，在/app/chukwa-0.6.0/testdata/目录下创建 Weblog 文件，在同一目录下新建一个 Weblogadd.sh 执行脚本。启动 chukwa 的 agents 和 collector，然后运行 Weblogadd.sh 脚本，往 Weblog 文件中添加任意数据，最后打开 HDFS 的/chukwa/logs 目录下监听生成的数据文件，可以看到往 Weblog 文件中添加的数据。

5.3　Splunk

Splunk 是近些年出现的日志数据采集工具，不同于其他工具，Splunk 的关注重点在于机器数据。此外，Splunk 的界面更加直观简洁，用户可以直接通过浏览器使用 Splunk 采集日志数据。

5.3.1　Splunk 概述

Splunk 现常用于搜索、分析和可视化机器数据。机器数据指的是能够为企业的发展带来推进作用的应用、服务器、网络设备、安全设备以及企业内部设备运行的日志文件等数据。由此可见，比起其他数据采集工具，Splunk 的应用范围更为广泛。

对比于与其他日志数据采集工具，Splunk 更加重视对数据的自动化操作以节省人力资源，支持多平台这一特性使得 Splunk 在使用上将受到更少的环境限制，而数据源的任意性也进一步为用户采集数据提供了便利，具体说明如下。

- 自动化：Splunk 在数据的导入和呈现方面更加自动化，只要以 JSON 格式将所获取的数据写入 Splunk 监控的文件，它就可以自动对字段做切分，切分的方式也可以由用户自行设置。这项功能类似于 Python 语言中 Pandas 库的 read_csv()函数。
- 支持多平台：Splunk 是一个可以在所有主流操作系统上运行的独立软件包，用户只需根据自身所用的操作系统选择对应的安装包，然后下载并安装即可。
- 从任意数据源索引任意数据：Splunk 可以从任意数据源实时索引任意类型的计算机数据。可以在 Splunk 中指向用户的服务器或网络设备的系统日志、设置 WMI 轮询、监视实时日志文件，并能够监视指定的文件系统或 Windows 注册表中的更改，或安排脚本获取系统指标。

5.3.2　Splunk 的安装与基本使用

Splunk 的安装和配置步骤如下。

（1）下载安装包

首先进入 Splunk 的官方网站，根据网站提示信息注册账号后，即可免费下载并试用 Splunk。

（2）安装 Splunk

双击已经下载好的安装包，将进入自定义安装界面，如图 5-2 所示，选择 "Check this box to accept the License Agreement"，单击 "Next"，进入下一步骤。

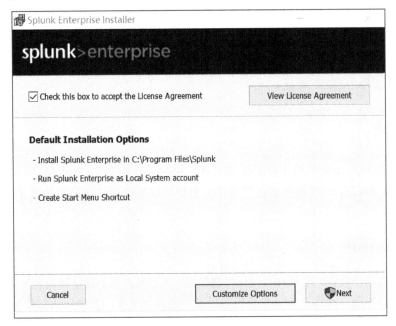

图 5-2　安装界面

根据提示信息输入用户名和密码，如图 5-3 所示，单击"Next"直至完成。

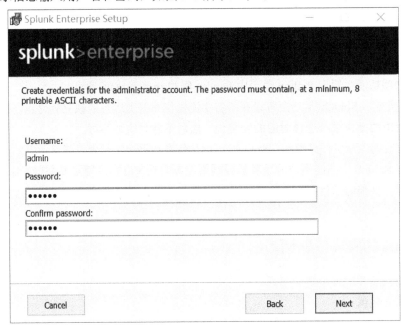

图 5-3　设置用户名和密码

（3）配置环境变量

右击"我的电脑"—>"属性"—>"环境变量"，将 Splunk 所安装的目录 xxx\Splunk\bin 添加到 Path 中。

（4）验证

在浏览器中打开网址 http://127.0.0.1:8000/，出现如图 5-4 所示的登录界面，则表示 Splunk 安装成功。

图 5-4　登录界面

5.3.3　实践案例：使用 Splunk 采集系统日志数据

下面通过一个案例具体介绍如何使用 Splunk 采集系统日志数据。首先打开浏览器进入 http://127.0.0.1:8000/，输入在安装阶段设置好的用户名和密码，进入 Splunk 初始界面，如图 5-5 所示，单击"添加数据"。

图 5-5　Splunk 登录后的初始界面

可以选择的数据来源有上载、监视和转发三个选项，如图 5-6 所示。本案例中将采集本机上的日志文件，单击"监视"选项。

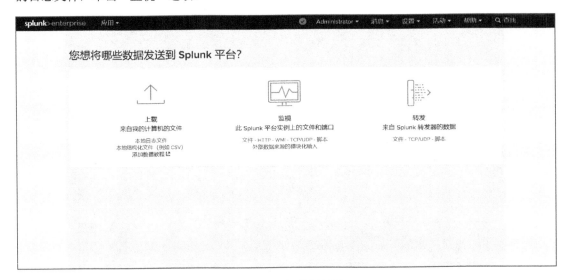

图 5-6　添加数据界面

选择"本地事件日志"，并将"Setup"添加到"选定的项目"，添加完成后的界面如图 5-7 所示，单击"下一步"。

图 5-7　设置数据源

设置好主机的字段值以及索引，其中主机的字段值一般设置为数据来源的计算机的名称，设置后的界面如图 5-8 所示，设置完成后单击"检查"，进入下一界面。

图 5-8　输入设置界面

进入检查界面，可以查看之前设置的所有信息，如图 5-9 所示，检查无误后单击"提交"。

图 5-9　检查界面

提交完成后，本地事件日志的采集工作便已经完成，如图 5-10 所示，单击"开始搜索"，即可查看所采集的数据。

采集到的日志数据如图 5-11 所示，对本机系统日志数据的采集工作完成。

图 5-10　确认界面

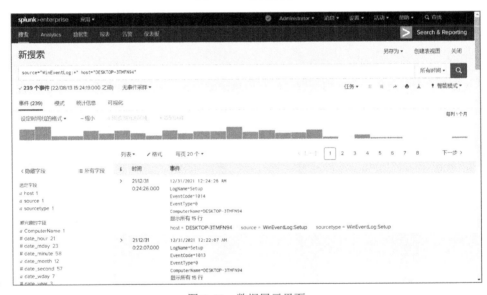

图 5-11　数据展示界面

5.4　日志易

日志易是一款由北京优特捷信息技术有限公司开发的日志管理工具。它能对日志进行集中采集和准实时索引处理，提供搜索、分析、监控和可视化等功能，帮助企业进行线上业务的实时监控、业务异常及时定位原因、业务数据趋势分析以及安全与合规审计等。

5.4.1　日志易的特点

日志易平台的主要特点如下。

- 大数据架构：系统架构设计采用了分布式大数据系统架构，可满足实时扩容的弹性需求，每天可处理 PB 级数据量。
- 检索速度快：平台采用了日志易自主研发的数据搜索引擎 Beaver，Beaver 是基于 C++ 语言开发的专用日志数据搜索引擎，针对冷热数据设计了不同的缓存策略，搜索速度快，百亿条数据量秒级检索返回。
- 可编程：日志易提供的搜索处理语言（Search Processing Language，SPL）允许用户在搜索框里进行脚本编程，实现复杂的统计和分析计算。基于日志易 SPL 可以满足复杂的业务分析需求，无须对系统做定制开发。

5.4.2　注册日志易账号

日志易提供可以在线使用的 SaaS 日志云服务，通过访问 https://www.rizhiyi.com/log-cloud/，可以免费注册体验。如图 5-12 所示。

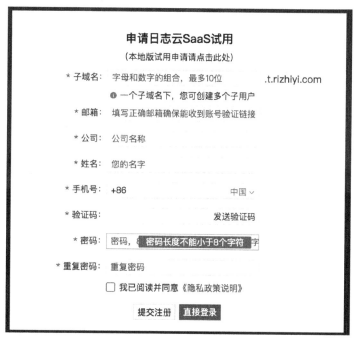

图 5-12　日志易 SaaS 注册界面

注意，此处的子域名 xxx.t.rizhiyi.com 是 SaaS 用户每次登录的唯一入口网址，建议留存备用。注册完成后，使用注册的子域名 xxx.t.rizhiyi.com 打开登录界面，输入用户名、密码，单击"登录"，如图 5-13 所示，登录成功后，系统界面如图 5-14 所示。

接下来可以使用日志易对本地日志文件上传和搜索。对日志易系统有兴趣的读者，可以展开左侧菜单栏，单击"帮助"可以查阅产品使用文档，读者可基于帮助文档进行系统学习。

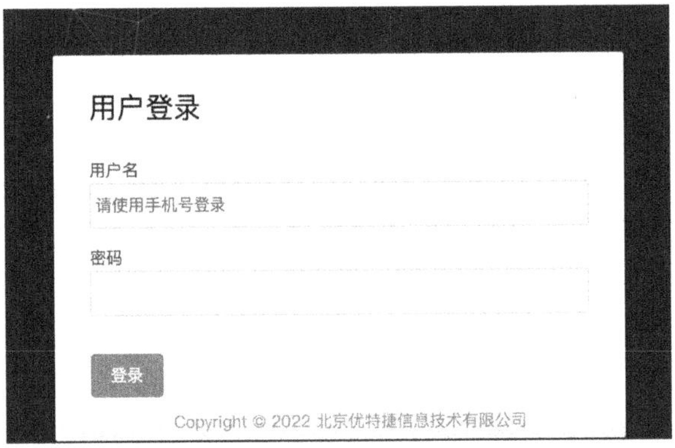

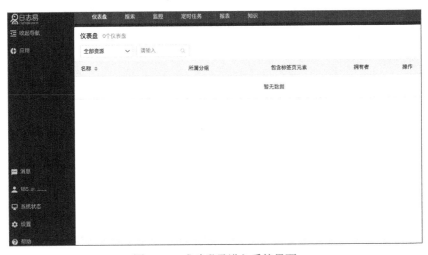

图 5-13　日志易 SaaS 登录界面

图 5-14　成功登录进入系统界面

5.4.3　实践案例：使用日志易采集搜索本地日志文件

日志易支持的数据接入方式主要有以下三种。

- 日志易 agent：通过使用日志易 Agent 进行采集。部署版用户一般采用此种方式。
- rsyslog agent：使用 rsyslog5.8.0 或更高版本，需要拥有 sudo 权限，可通过配置 rsyslog agent 转发本地日志文件到日志易。
- Web 方式：使用 http post 上传日志文件。

本例将采用第三种接入方式——"Web 方式"，关于其他方式的数据接入配置，可以参阅日志易官方文档。

1．下载并上传样例文件

（1）下载样例文件

作为快速入门示例，可以下载使用日志易已有的样例文件，下载地址如下。

```
https://www.rizhiyi.com/install/RizhiyiSample.log
```

（2）查看样例文件

文件下载成功后，可以用文本编辑器打开该日志样例文件，如图 5-15 所示。

图 5-15　日志样例文件内容

通过浏览可以得知，样例文件记录的是时间戳在 2021 年 8 月 22 日 0～24 时之间的 Web 访问日志，在通过 Web 上传其他文件时，请参照界面提示的上传文件大小的限制。

在日志解析过程中，如果上传日志是日志易能自动识别的日志格式，日志将被自动转化为结构化数据并做全文索引，否则，日志将默认做全文索引。对于样例文件这类格式，每一行是一个事件的记录。如果上传日志的时间戳符合标准格式，日志易将自动解析此事件的时间戳，以样例文件为例，解析后的时间戳对应各事件发生时的时间戳；若上传日志中没有时间戳或不符合标准时间戳格式，日志易将以收到日志的时间作为该事件的时间戳。

（3）上传文件

下载样例文件后，可以通过日志易的界面进行上传，即"本地上传"（通过 Web 上传）。具体步骤如下。

进入"本地上传"界面，单击日志易竖直导航栏的"设置"按钮，选择"数据采集"下的"本地上传"，如图 5-16 所示。

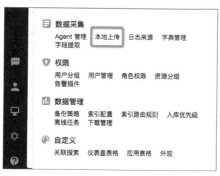

图 5-16　数据采集-本地上传

进入到"本地上传"界面后，单击"本地上传"按钮，选中之前下载好的"RizhiyiSample.log"文件，并单击"打开"，如图 5-17 所示。

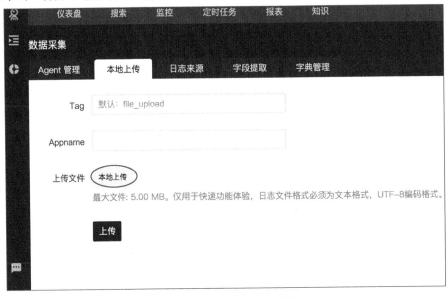

图 5-17   "本地上传"界面

接下来进行对 appname 和 tag 自定义名称。暂时将 appname 命名为 logsample，将 tag 命名为 demo，单击"上传"按钮，如图 5-18 所示。若看到"上传完成"的提示，则代表样例文件已成功上传到了日志易的系统内。

图 5-18   样例文件上传

（4）验证

为确保日志上传成功，可以直接在搜索框用以下搜索语句对样例文件进行查询：

    *AND appname:logsample

或

```
*AND tag:demo
```

若系统中已存在多个 appname 相同或 tag 相同的文件，需要使用下面语句：

```
*AND appname:logsample AND tag:demo
```

表示在全部事件中搜索“appname”为“logsample”且“tag”为“demo”的日志全文。其中“AND”作为逻辑运算符，起到连接前后的作用。注意，在设置时间范围时需要将文件的时间戳包含在内。验证数据导入成功后，系统界面如图 5-19 所示。

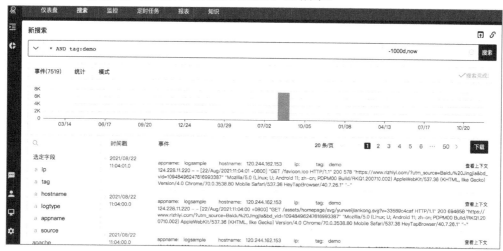

图 5-19　验证数据导入成功

2. 了解搜索功能界面

在使用日志查询指令之前，首先需要了解搜索功能界面，用户可以不用掌握复杂的搜索语句就可以从搜索界面得到大量信息。常用的数据展示模块和其他界面的跳转标签已用数字标出，如图 5-20 所示，每个功能模块的功能可参照数字对照表 5-1。

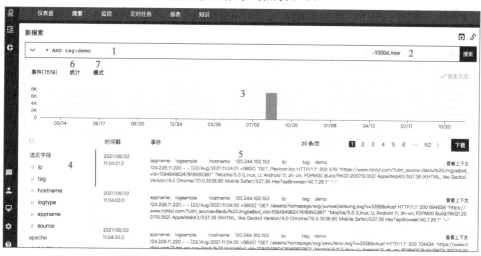

图 5-20　日志易系统的搜索界面

表 5-1　搜索界面的主要功能模块说明

数字	名称	描述
1	搜索框	在搜索框中输入查询语句，单击"搜索"查看结果
2	时间选择器	设定查询数据的时间范围，默认查询时间范围为最近 10 分钟
3	时间轴	显示随时间统计的日志事件数量。可以试着单击任意一个方块，观察时间范围的改变（变化成该方块所代表的时间域）
4	字段列表	用来展示查询到的日志数据中含有的不同类型的字段值
5	事件列表	显示搜索结果中日志数据的原始视图，一般用来查看原始日志及抽取的字段
6	统计	根据搜索结果形成表格和其他可视化图形
7	模式	对日志进行自动归类，方便用户对相似度高的日志进行集中分析

下面介绍时间选择器模块。该模块使用下拉菜单快速挑选预设时间范围或自行设置时间范围。通过调整时间选择器，可以缩小查询范围，实现快速排除或查询问题。

常用的是"快捷选项"的下拉菜单内的时间范围，在"快捷选项"的下拉菜单内，类型可分为以下几种。

- 实时：常用于查询内容为实时变化的情况下，可设置实时类的时间范围，查询结果会根据选定的频率来动态刷新，而不是一直处于静态不变。
- 最近/相对：两者主要区别在截止时间的不同，"最近"的截止时间均为当前时刻，而"相对"的截止时间则不一定。

具体选项如图 5-21 所示。

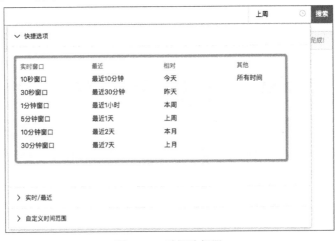

图 5-21　时间选择器

对于刚刚导入的样例日志来说，因为不是实时日志数据，不调整时间范围的情况下直接搜索会导致得到"查询无结果"的提示，默认查询时间范围为最近十分钟。因此，用户需要将时间选择器配置为样例日志的时间戳范围，即 2021 年 8 月 22 日。当然也可以简单选择"所有时间"，确保能检索到所有时间范围内的日志数据，若在此期间其他数据过多影响查看，也可以通过"自定义时间范围"的下拉菜单，将范围精确到数据时间戳日期当天或具体时间段。

3. 日志查询

（1）搜索入门

完成样例文件的上传后，接下来将介绍如何使用简单命令进行日志查询。打开搜索页面后，搜索框默认的输入值为"*"，表示搜索时间范围内的所有日志数据。此时把鼠标放在搜索框内会出现下拉菜单，作为一种帮助功能，方便用户搜索。

（2）字段过滤

1）字段分组列表。字段列表默认采用二级菜单折叠方式，单击一个字段将出现二级菜单，显示该字段出现次数最多的前一百个值及它们的统计计数。通过选择字段（单选或组合），可对当前结果再次进行过滤检索，并同时刷新事件列表与搜索框的内容，根据选定的字段和不同操作（选择过滤或是屏蔽字段），可自动形成新的查询语句并提交，即时更新搜索结果和直方图，在一定程度上取代了代码的简单输入。

假设希望取出 HTTP 为 post 方法的事件，按照如图 5-22 所示的方式，在 apache.method 字段里选择"POST"，单击"过滤选中字段值"。同时搜索框内的搜索语句也会根据这一动作形成相应的查询命令行，嵌套在查询所有样例文件的外面。如图 5-23 所示。

图 5-22　选择"POST"字段

图 5-23　POST 查询命令行

2）事件列表。事件列表显示搜索结果中日志数据的原始视图，一般用来查看原始日志及抽取的字段。与字段列表过滤功能一样，在事件列表中也可以对所选择的字段进行过滤或屏蔽，取代查询语句，搜索框中的语句会根据不同操作而随时更新。

若希望通过事件列表执行取出 HTTP 为 get 方法的事件，可以在任意一个"GET"字段上双击或鼠标拖动选择，在弹出的对话框内选择"添加到搜索"，如图 5-24 所示。

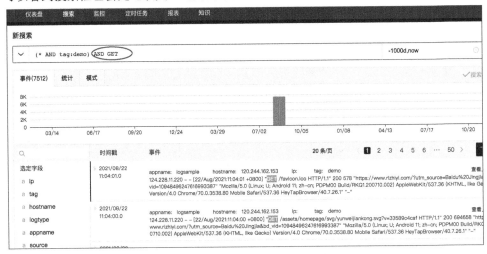

图 5-24　将"GET"字段添加到搜索

可以看到搜索框也会随之改变，选用的字段也会被高亮显示，如图 5-25 所示。

图 5-25　选用 GET 字段执行搜索

但是事件列表过滤是对整体字段的过滤，即只要某条事件的全文含有该字段值，就符合过滤条件，与"字段列表"的过滤是针对某一字段值的操作不同。

（3）搜索语句的使用

为了更好地使用日志易的数据查询功能，除了界面选择、拖动的筛选方式外，还需要掌握基本的日志查询语句和相关语法。

1）字段查询与过滤。为方便读者更好地了解字段查询与过滤语句的构成，这里主要对两个常用的成分——"逻辑运算符"和"数值范围"举例讲解。

逻辑运算符：在学习字段列表和事件列表的过滤时，可以发现搜索框随之更新的查询语句中是由"AND"或"OR"连接的，对这类表达式通常被称之为逻辑运算符，且必须大写。

用查询语句"事件列表"的过滤逻辑，也就是在样例文件中，筛选出"get"方法的所有事件，如下所示：

```
*AND appname:logsample AND GET NOT apache.method:POST
```

　　"*"表示查询所有事件，第一个"AND"用于筛选出样例文件的所有数据；第二个"AND"筛选出全文含有"GET"字符的所有事件，对于查询的词汇系统不区分大小写；最后一个逻辑运算符为"NOT"，用来将 http 方法的字段为"POST"的事件过滤掉。

　　查询数据范围：以 apache.status 的筛选为例，若想重点看状态码：200、206、301、302、303、304 的情况，使用逻辑运算符逐个连接字段值的方法就显得没那么简洁，如图 5-26 所示，可以看到，所显示的语句很长。

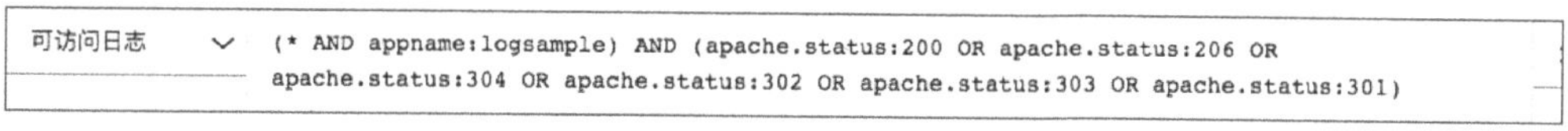

图 5-26　使用逻辑运算符逐个连接字段值

　　若筛选对象和例子一样，有一定规则，并且也属于数值类的字段，对于这类的情况，可以通过限制数值范围来筛选过滤日志，注意不要忘记用来赋值的"："，查询语句如下：

```
* AND appname:logsample AND apache.status:<400
```

　　筛选后的数据可通过字段列表来查看，得到的结果均为状态码<400 的事件，如图 5-27 所示。

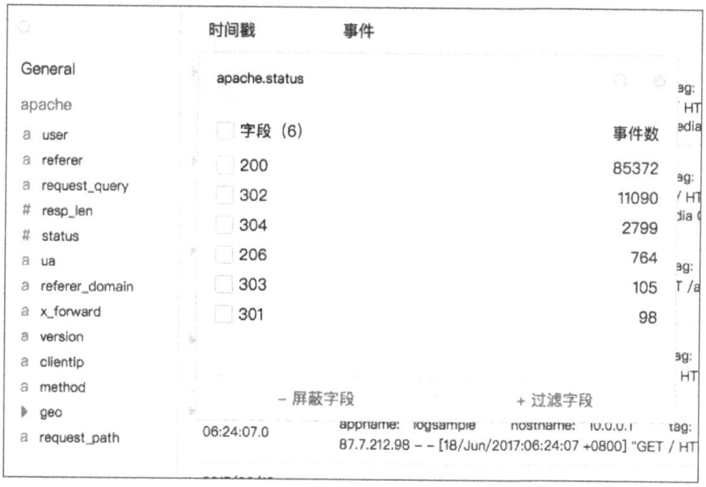

图 5-27　筛选后的字段列表

　　掌握了字段查询之后，用户就可对特定事件进行快速排查，过滤掉无用的记录，提高理解和掌握日志的效率。

　　2）高级搜索。日志易的高级搜索模式与普通搜索之间可以通过查看是否包含管道符"|"来区分，其主要功能为实现较复杂的关联分析、建立新字段、对字段进行数值运算等。高级搜索一般应用于"统计菜单视图"内置的模式选择和参数配置，如下列语句：

```
* AND appname:logsample AND tag: demo | stats count() by apache.status
```

　　管道符"|"后的 stats 为统计指令，"count()"为 stats 的统计函数，用于返回对象字段出现的次数，在此句中表示返回 apache.status 出现的次数。

　　高级搜索需要学习 SPL 语言，更多关于 SPL 高级搜索的资料可以参考日志易系统"帮助文档"中《检索参考》与《搜索实例手册》。

5.5　Logstash

Logstash 是一个开源的数据收集和处理引擎,能够帮助用户收集来自不同数据源的数据,Logstash 支持的数据源包括日志文件、消息队列、数据库等,并提供了丰富的插件来实现数据的采集、处理和输出。Logstash 通常能够与 Elasticsearch 和 Kibana 等工具一起使用,构成 ELK(Elasticsearch、Logstash、Kibana)堆栈,用于大规模数据的实时搜索、分析以及可视化操作。

5.5.1　Logstash 简介

Logstash 可以将来自各种数据源的各类信息采集存储起来,并对它们进行统一的标准化处理,从而使用户在对它们进行具体的操作之前就已经具备了标准的格式和统一的结构,从而避免了用户在具体运用时还要对数据信息进行"清洗"操作。为了更加具体地理解 Logstash,可以将它视为一根将数据源和服务端或存储端连接起来的管道,各类数据信息就像水流一样通过通道流向服务端或存储端,对于不想要或状态异常的信息,用户可以设置一个过滤网对这些信息进行筛除。与其他采集工具类似的一点在于,Logstash 也内置了许多插件,以便于用户对数据进行多样化的操作。

5.5.2　Logstash 的工作原理

在使用 Logstash 前,需要对 Logstash 的工作原理有一个大致且全面的了解。概述部分已经将 Logstash 类比为一个管道,接下来将继续使用这一类比。在 Logstash 这根总管道下,还有许多下级管道(Logstash Pipeline),每一根下级管道都可以视为 Logstash 中的一个独立工作单元,其中每根管道都具有三个基本要素,分别是数据输入(Input)、数据输出(Output)和数据过滤器(Filter)。

首先,Logstash 在数据的输入阶段,会将各类数据源中的数据信息以流式存储的方式采集起来。在数据进入管道后,功能强大的过滤器就会对这些数据进行分析和解构,清理其中的异常结构并对它们进行统一的格式处理,进而转化为通用格式,以便后续操作。

在数据通过了过滤器中的各种操作处理之后,用户在输出阶段便可以将数据流发送指定的地点。Logstash 提供了多种输出选择,其中首选的输出方向是 Elasticsearch。

5.5.3　Logstash 安装与部署

Logstash 的安装和部署步骤如下。

(1)安装前的环境要求

Logstash 的安装需要系统中已经安装了 Java8 或 Java11。可以在命令提示符程序中通过指令 java -version 查看本机的 Java 版本。

(2)下载 Logstash

在 Logstash 的官方网站,根据现有的系统选择下载 TARG、DZ、DEB、ZIP 或者是 BPM 文件。本小节安装选择下载 ZIP 文件。下载完成后，将 ZIP 文件解压到指定目录下，解压目录中最好不要出现中文。

（3）验证

解压完成后，可以通过以下几个步骤对是否成功安装 Logstash 进行验证。首先，通过控制台程序输入指令 cd C:\logstash-7.6.1\bin，将路径切换到 Logstash 安装目录的 bin 文件夹下，随后输入指令 logstash.bat -e "input { stdin { } } output { stdout {} }"，当控制台中出现 [main] Pipeline started 字样后，再次输入 Hello World 并按〈Enter〉键。当控制台中出现如下内容，则表示 Logstash 已经安装成功。

```
"message"=>"hello world\r",
"host" =>"DESKTOP-3TMFN94",
"@version"=>"1",
"@timestamp"=>2022-08-17T03:35:36.313Z
```

5.5.4　实践案例：使用 Logstash 采集并处理系统日志数据

本案例将使用 Logstash 采集 MySQL 数据库中的数据，具体步骤如下。

（1）配置相关文件

Logstash 的配置文件存放在 Logstash 安装目录下的 config 文件夹下，打开该文件夹，新建一个 logstash1.conf 配置文件，并在其中输入以下内容对所连接数据库的相关信息及其他属性进行配置，输入完成后保存文件。

```
input {
  jdbc {
    jdbc_driver_library => "C:/logstash-7.6.1/mysql-connector-java-8.0.28/mysql-connector-java-8.0.28.jar"#
#获取数据库连接所需的 jar 包
    jdbc_driver_class => "com.mysql.jdbc.Driver"
#设置驱动名
    jdbc_connection_string => "jdbc:mysql://localhost:3307/test04_emp"
#设置想要采集的数据库的路径
    jdbc_user => "root"
#设置数据库登录用户名
    jdbc_password => "123456"
#设置数据库登录密码
    use_column_value => true
    tracking_column => "tno"
  #  parameters => { "favorite_artist" => "Beethoven" }
    schedule => "* * * * *"
    statement => "SELECT * from goods ;"
#编写查询语句
  }
}
```

```
output{
        stdout{
        codec=>rubydebug
        }
    }
```

（2）验证配置文件

在控制台中输入以下指令，测试配置文件中代码的编写是否无误以及配置文件能否正常运行。

```
cd C:\logstash-7.6.1\bin
logstash -f /logstash-7.6.1/config/logstash1.conf -t
```

输入后，若控制台中出现如下字样，则表示配置文件可以正常运行。

```
Config Validation Result: OK. Exiting Logstash
```

（3）运行配置文件

再次打开控制台并输入以下指令，运行配置文件。

```
cd C:\logstash-7.6.1\bin
logstash -f /logstash-7.6.1/config/logstash1.conf
```

若出现以下字样，则表示配置文件已经正常运行。

```
Successfully started Logstash API endpoint {:port=>9600}
```

（4）采集数据库中的数据

在 SQLyog 中新建 test04_emp 数据库，创建数据表 goods，表中包含"id""name"以及"etimestamp"三个字段，在 goods 表中手动添加一条数据，代码如下。

```
Insert into goods values(5,"Leon",114514)
```

打开未关闭的控制台界面，可以看到数据库中数据已被 Logstash 获取，数据库中具体内容如下所示。

```
[2022-08-17T15:47:00,202][INFO ][logstash.inputs.jdbc
][main] (o.002359s)_SELECT *from goods ;
[2022-08-17T15:47:00,215][WARN][logstash.inputs.jdbc
][main] tracking_column not found in dataset. {:tracking_column=>"tno"}
"id"=1,
"name"=> "leo",
"etimestamp"=> 2022-08-17T07:47:00.224Z,"balance"=>800,
"@version"=>"i",
"id"=>2,
"name"=>"jack",
"@timestamp"=> 2022-08-17TO7: 47: 00.225z,"balance"=>1300,
"@version"=>"1",
"id"=>3,
"name"=>Y "j",
```

```
"@timestamp" -> 2022-08-17T07:47:00.226z,"balance"=1111,
"eversion"=>"1",
"id"=>4,
"name"=>"kj",
"@timestamp"=>2022-08-17T07:47:00.226Z,"balance"=123,
" @version"=>"1",
"id"=>5,
"name"=>"Leon",
"etimestamp"=>2022-08-17T07:47:00.227Z,"balance"=>114514,
"@version"=>"1"
```

5.5.5　实践案例：使用 Logstash 将数据导入 Elasticsearch

本案例将通过 Logstash 采集系统日志数据，并使得这些数据能够发送到 Elasticsearch，步骤如下。

（1）环境配置

首先需要将 Elasticsearch 安装在计算机上。Elasticsearch 的安装并不复杂，只需要注意 Elasticsearch 的版本必须与已经安装的 Logstash 版本保持一致即可。安装完成后，进入 Elasticsearch 的 bin 文件下，双击执行 elasticsearch.bat，若控制台中出现 Started 字样，则表示服务已启动，然后打开浏览器输入 localhost:9200，若显示如下内容，则表示 Elasticsearch 安装成功。

```
"name" : "DESKTOP-3TMFN94",
"cluster_name" : "elasticsearch",
"cluster_uuid" : "fCBQ25taQ7q9R71D_vzHuA", "version": {
"number" : "7.6.1",
"build_flavor" : "default", "build_type" : "zip",
"build_hash": "aa751e09be0a5072e8570670309b1f12348f023b", "build_date": "2020-
02-29T00:15:25.529771Z",
"build_snapshot" : false,
"lucene_version": "8.4.0",
"minimum_wire_compatibility_version" : "6.8.0",
"minimum_index_compatibility_version": "6.0.0-betal"},
"tagline" : "You Know,for Search"
```

（2）修改配置文件

在 config 文件夹下，新建一个配置文件 test.conf，在配置文件中输入以下内容以修改文件的导出地址等相关信息。

```
input {
    file{
        path => "/logstash-7.6.1/logs/logstash-plain.log"
        type=>"test"
        start_position => "beginning"
```

```
        }
    }
    output {
        elasticsearch {
            hosts =>"http://localhost:9200"
            index => "yum-%{+YYYY.MM.dd}"
        }
    }
```

该配置文件的作用是，将路径/logstash-7.6.1/logs 下的 logstash-plain.log 文件发送到 Elasticsearch 中，并将文件的类型命名为"test"，索引命名为"yum+当前的时间"。配置完成后保存文件。

（3）运行配置文件

打开一个控制台程序，输入以下指令执行配置文件。

```
cd C:\logstash-7.6.1\bin
logstash -f C:\logstash-7.6.1\config\test.conf
```

若出现以下字样，则表示配置文件成功运行。

```
    [2022-08-19T16:38:15,525][INFO ][logstash.agent          ] Pipelines running
{:count=>1, :running_pipelines=>[:main], :non_running_pipelines=>[]}
    [2022-08-19T16:38:17,078][INFO ][logstash.agent          ] Successfully
started Logstash API endpoint {:port=>9600}
```

（4）查看运行结果

配置文件若正确执行，logstash-plain.log 文件就会成功发送到 Elasticsearch 中，可以通过 Kibana 进行查看。单击 Kibana 页面中的"Expand"->"Index Management"就可以看到从 Logstash 发送到 Elasticsearch 上的文件，如图 5-28 所示。

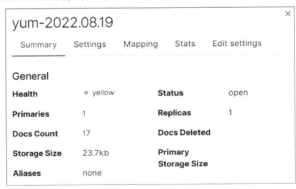

图 5-28　存储的文件信息

5.6　Fluentd

Fluentd 是一款跨平台的开源数据采集工具，它更加重视自身的开放性以及功能的拓展性。

Fluentd 的相关配置和使用均通过 Fluentd 的配置文件实现，用户需要在配置文件中编写相关的命令代码以实现所需的功能。

5.6.1 Fluentd 简介

Fluentd 是由 Treasure Data 公司的联和创始人 Sadayuki Furuhashi 开发的跨平台开源数据采集工具，Fluentd 能够采集各类日志数据信息，并将这些信息转化为方便机器处理的 JSON 格式。Fluentd 作为目前较为流行的数据采集平台，也采用了插件式的框架结构，这种结构使得 Fluentd 具备高拓展性和可用性的同时，也为数据信息的转发提供了保障。

与其他数据采集工具相比，Fluentd 规定了以 JSON 格式转发数据，使用的编程语言为注重简洁性和效率的 Ruby，并在通用性上也做出了优化。Fluentd 具有以下特点。

- 采用 JSON 格式：JSON（JavaScript Object Notation）是一种轻量级的数据交换格式，基于欧洲计算机协会制定的 Js 规范，采用了独立于编程语言的文本格式来存储表示数据，因此能够适用于大数据的计算机编程场景。JSON 的优点在于，它符合开发人员的编写和阅读习惯，易于机器的解析和生成，在网络传输效率上也优于其他的数据格式。
- 使用 Ruby 作为编程语言：Ruby 作为一款开源的动态编程语言，它更加注重代码的效率和简洁性。通过使用 Ruby，用户能够更加轻易地读懂和使用 Fluentd 中的相关插件。对于 Fluentd 中尚不具备且用户需要的功能，用户也可以自行进行编写。
- 开放性更强：Fluentd 作为一款日志采集工具可以处理各种数据源的同时，自身还支持许多插件的使用，并且 Fluentd 允许用户连接各种类型的数据源并发送到多种目的地，因此 Fluentd 在使用上，受平台的约束性更小，用户不必在兼容性和跨平台的问题上顾虑太多。

5.6.2 Fluentd 的安装与配置

在本机系统上，使用 td-agent 的 msi 安装包来安装 Fluentd，安装和配置步骤如下。

（1）下载和安装

首先，进入 td-agent 官网，td-agent 下载完成后，打开 td-agent.msi 安装包，一直单击"Next"直到安装完成。

（2）验证

td-agent 安装完成后，系统中会新增一个 Td-agent Command Prompt 命令提示符程序。可以使用 td-agent 官方网站提供的验证文档对安装的成功与否进行测试。首先修改 etc\td-agent 目录下的 td-agent.conf 文件，并在文件输入以下信息修改配置文件。

```
<source>
  @type windows_eventlog2
  @id windows_eventlog2
  channels application
  read_existing_events false
  tag winevt.raw
  rate_limit 200
  <storage>
```

```
    @type local
    persistent true
    path C:\opt\td-agent\winlog.json
  </storage>
</source>
<match winevt.raw>
  @type stdout
</match>
```

输入完成后，以管理员方式打开一个 Td-agent Command Prompt 命令提示符窗口，输入以下命令运行 td-agent 程序。

```
td-agent
```

输入完成后，若显示以下内容，则表示安装成功。

```
    2022-08-16 14:52:20 +0800 [ info]: #0 starting fluentd worker pid= 170912
ppid= 161036 worker-0
    2022- 08-16 14:52:20 +0800 [info]: #0 fluentd worker is now running worker=0
    2022- -08-16 14:53:22.830304500 +0800 winevt. raw: { ProviderName : ESENT,
 ProviderGUID:", EventID:455, "Level":"2^,
    "Task" :"3',Opcode" : 0, Keywords":"0x000000000000, TimeCreated":"2022/08/
16 06:53:21.317821600,
    "EventRecordID":"275470","ActivityID: " ","Re latedActivityID': " ", "ProcessID":
"0","ThreadID: "0","Channel: i Application,
    "Computer" :"DESKTOP-3TM FN94", "UserID : "", "Version":"0", "Description :
svchost (168628,R, 98) TILEREPOSITORYS-1-5-18: 打开日志文件 C:\WINDOWS\\s
    yst em32\\config\\systemprofilel\AppDatalLocal\\TileDataLayer Database\\EDB.
log 时出现错误- 1023 (0xfffffc01)。" , Event
    Data" :[" svchost'," 168628，R, 98,"TILEREPOSITORYS-1-5-18: , 'C: IWINDOWS\
\system32\ conf ig\\systemprofile\ \AppData\Local\
    \Ti leDatal ayer\ \Databasel\EDB. log"," -1023 (0xfffc01)]}
```

5.6.3 Fluentd 的基本命令

Fluentd 的配置文件由以下命令组成。

- Source：用于指定数据的来源。Fluentd 通过对 Source 命令的配置来挑选和配置所需的数据源。Fluentd 的标准数据输入插件包括 HTTP 和 Forward，每个 Source 命令都必须含有一个@type 参数用以指定所用输入插件包。
- Match：用于指定 Fluentd 将要执行的操作。最常用的 Match 命令是将所获取的数据输出到其他系统上。Fluentd 的标准输出插件和输入插件相同，每个 Match 命令必须含有一个@type 参数用以指定数据将被发送到的平台。
- Filter：用于指定对数据进行的处理事件。Filter 命令和 Match 命令有相同的语法规则，用户也可以根据自己的需要自定义 Filter 插件处理数据。

- System：用于对整个系统进行配置。对于系统的整体配置可以通过 System 命令进行，绝大多数的 System 命令也可以通过控制台中的命令行选项查看。
- Label：用于将 Filter 和 Output 统合为一个内部的事务。Label 命令的使用可以降低 Tag 标签的处理复杂程度。
- Worker：用于指定用户。当 Fluentd 的工作设计多个用户时，可以通过 Worker 指令使得某些插件只会被特定的用户使用，Worker 的工作原理可以近似地看作一种权限分配机制。
- @include：用于系统设置的复用。对于处于不同配置文件中的指令，用户可以通过 @include 指令将所需的指令导入，用户也可以通过该指令对多个配置文件中相同的参数进行配置。

5.6.4　实践案例：使用 Fluentd 采集系统日志数据

在本案例中，将使用 Fluentd 采集本机的 Setup 程序，相关系统设置将参考官网作者提供的案例，并在其基础上进行部分改动。

（1）配置相关文件

首先，打开 Fluentd 的安装目录，通过路径\opt\etc\td-agent，新建一个 td-agent.conf 配置文件，并输入以下内容。

```
<source>
  @type windows_eventlog2
  @id windows_eventlog2
  channels Setup
  read_existing_events true
  tag winevt.raw
  rate_limit 200
  <storage>
    @type local
    persistent true
    path C:\opt\td-agent\setup.json
  </storage>
</source>
<match winevt.raw>
  @type stdout
</match>
```

通过以上配置信息可知，该配置文件的作用是获取当前主机上已经运行的 Setup 程序，读取当前正常运行的活动事件，设置速率限制为 200ms，将运行结果保存为 setup.json 文件，并存放于 C:\opt\td-agent\目录下，同时在程序 Td-agent Command Prompt 输出运行结果。

（2）具体执行

将配置文件 td-agent.conf 保存后，以管理员方式打开时程序 Td-agent Command Prompt，首先输入 cd C:\opt\td-agent 指令切换到 Fluentd 的安装目录下，接下来输入指令 td-agent，配置文件开始生效，Fluentd 开始工作，工作界面如图 5-29 所示。

图 5-29　工作界面

（3）查看运行结果

配置文件生效后，Fluentd 就已经采集到了所需的数据。除了通过对配置文件相关设置而保存在 C:\opt\td-agent\目录下的 setup.json 文件外，还可以通过同一目录下的 td-agent.log 日志文件查看运行的相关信息，如图 5-30 所示。

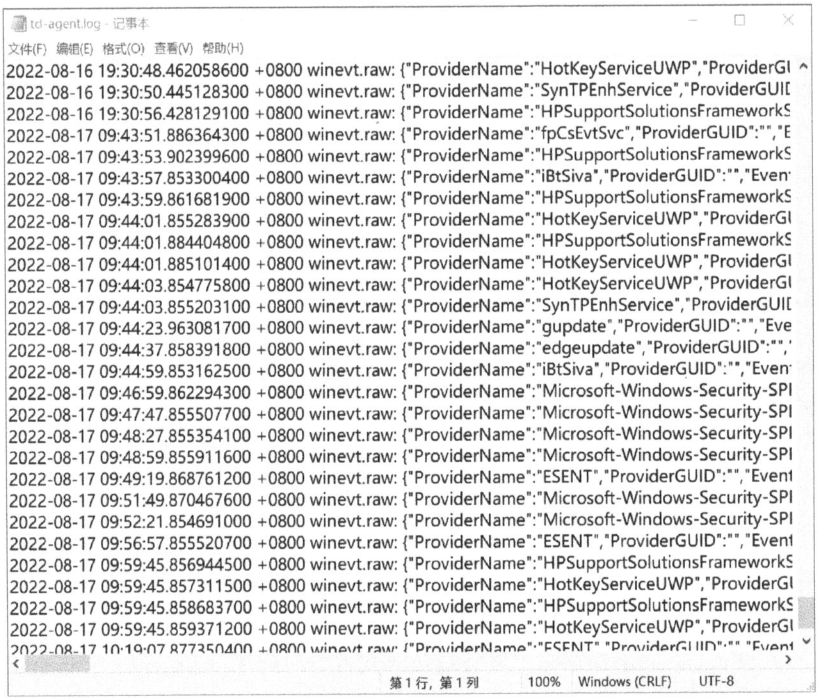

图 5-30　日志文件

习题

1. 简述 Scribe 中的三大存储类型及其定义。
2. 简述 Chukwa 的工作原理。
3. 简述 Splunk 的几大特点。
4. 简述 Fluentd 采用 JSON 格式的优点。
5. 简述日志易日志查询的步骤。

第 6 章　使用网络爬虫采集 Web 数据

在开始学习如何编写网络爬虫之前，应先学习一些和爬虫相关的概念和 Web 基础知识。通过本章的学习可以了解网络爬虫的基本概念，了解网络爬虫的分类，熟悉网络爬虫的使用，以及掌握网络爬虫框架，最后通过实战项目成功爬取电商网站的数据。

6.1　网络爬虫概述

在大数据时代，人类社会的数据正以前所未有的速度增长。数据蕴含着巨大的价值，无论是对个人工作、生活，还是对企业未来的发展和创新商业模式，都有着很大的帮助。充分挖掘数据潜在价值，能帮助人们找到更合适的合作对象、更便宜的生活用品，也能帮助企业找到更好的细分市场，有针对性地为企业日后的发展提供数据支撑。数据让人们更好地掌握市场动向，更好地应对市场，产生新的合理的决策。

数据背后所隐藏的巨大商业价值正开始被越来越多的人所重视，那么数据从何而来？可以从网上找数据，但是人工提取数据效率太低，从经济角度也不可行。购买数据是一个办法，但是目前公开交易的数据少之又少，很难与多样化的数据需求匹配。因此，对很多人和企业来说，如果想获取全面、有效、准确的数据，编写爬虫抓取数据是一种明智之选。

6.1.1　网络爬虫的基本原理

网络爬虫又称网页蜘蛛、网络机器人或网页追逐者，是一种按照一定规则，自动地抓取互联网信息的程序或者脚本。爬虫程序可以模拟人的行为去访问各种网站，还可以带回一些网站的信息，有了网络爬虫就可以快速获取很多想要的资源，但是在使用网络爬虫的同时也要注意参考 robots 协议，它明确规定了哪些东西可以被爬取，哪些东西不可以被爬取，遵循 robots 协议可以避免许多不必要的纠纷。

网络爬虫的基本原理就是浏览器自动执行人为的动作，即将动作自动程序化。

虽然本章是介绍使用 Python 编写网络爬虫，但是网络爬虫并不局限于使用 Python 编写。使用其他语言也可以，例如 Java 的 WebMagic 爬虫框架，PHP 的 phpspider 爬虫框架等。

6.1.2　网络爬虫的类型

网络爬虫按照系统结构和实现技术，可以分为以下几种类型：通用网络爬虫（General Purpose Web Crawler）、聚焦网络爬虫（Focused Web Crawler）、增量式网络爬虫（Incremental Web Crawler）。实际开发的网络爬虫系统通常是由几种爬虫技术相结合实现的。

1）通用网络爬虫又称全网爬虫（Scalable Web Crawler），爬取对象从一些种子 URL 扩充到整个 Web，主要为门户站点搜索引擎和大型 Web 服务提供商采集数据。由于商业原因，它们的技术细节很少公布出来。这类网络爬虫的爬取范围和数量巨大，对于爬取速度和存储空间要求较高，对于爬取页面的顺序要求相对较低，同时由于待刷新的页面太多，通常采用并行工作方式，但需要较长时间才能刷新一次页面。虽然存在一定缺陷，通用网络爬虫适用于为搜索引擎搜索广泛的主题，有较强的应用价值。

通用网络爬虫的结构大致可以分为页面爬取模块、页面分析模块、链接过滤模块、页面数据库、URL 队列、初始 URL 集合几个部分。为提高工作效率，通用网络爬虫会采取一定的爬取策略，常用的爬取策略有深度优先策略和广度优先策略。

2）聚焦网络爬虫又称主题网络爬虫（Topical Crawler），是指选择性地爬取那些与预先定义好的主题相关页面的网络爬虫。和通用网络爬虫相比，聚焦爬虫只需要爬取与主题相关的页面，极大地节省了硬件和网络资源，保存的页面也由于数量少而更新快，可以很好地满足一些特定人群对特定领域信息的需求。

聚焦网络爬虫和通用网络爬虫相比，增加了链接评价模块和内容评价模块。聚焦爬虫爬取策略实现的关键是评价页面内容和链接的重要性，不同的方法计算出的重要性不同，由此导致链接的访问顺序也不同。

3）增量式网络爬虫是指对已下载网页采取增量式更新，和只爬取新产生的或者已经发生变化的网页的爬虫，它能够在一定程度上保证所爬取的页面是尽可能新的页面。与周期性爬取和刷新页面的网络爬虫相比，增量式爬虫只会在需要的时候爬取新产生或发生更新的页面，并不需要重新下载没有发生变化的页面，可有效减少数据下载量，及时更新已爬取的网页，减小时间和空间上的耗费，但是增加了爬取算法的复杂度和实现难度。

通俗地说，通用网络爬虫是爬取一整张页面，聚焦网络爬虫是爬取特定的一部分页面，增量式网络爬虫是爬取页面改变了的内容。

6.2　网络爬虫基础

网络爬虫由模拟请求、数据解析、数据保存这三部分组成。网络爬虫不仅涉及 Python，还涉及其他的知识，例如 HTTP、正则表达式、HTML、Ajax 等。想要学好网络爬虫就必须先对相应的知识有所了解。本节将带领大家掌握网络爬虫的代码编写，掌握静态以及动态网页的爬取，熟悉 selenium 的使用。

6.2.1　网络爬虫的基本爬取方式

在 Python 网络爬虫中，最常见的网络请求模块有 requests 模块和 urllib 模块。由于 urllib 模块过于古老与烦琐，故本节只讲解 requests 模块的使用方法。requests 模块是 Python 中原生的基于网络请求的模块，requests 模块的功能非常强大，使用起来简单、便捷、高效。requests 模块的作用就是模拟浏览器发送请求。

requests 模块的具体使用方法如下。

1）指定 url。

2）发起请求（get 或者 post 请求）。

3）获取响应数据。

4）持久化存储。

通过 PyCharm 编写代码之前需要先下载 requests 模块（在 PyCharm 终端输入指令 pip install requests 即可）。想要爬取百度网站的网址，首先需要指定 url= 'https://www.baidu.com/'，然后使用 response=requests.get(url=url)的方法发送请求，获取响应对象。最后采取 text=response.text 的方法调用响应对象的 text 属性，此时的 text 变量存储了整个页面的源代码，可以直接打印，或者进行数据持久化存储。

爬取百度网站首页的网页源码如下：

```
import requests                       #导入 requests 模块
url = 'https://www.baidu.com'         #指定需要爬取的网站的 URL
headers = {
    'User-Agent' : 'Mozilla/5.0 (Windows NT 10.0; Win64; x64) AppleWebKit/
537.36 (KHTML, like Gecko) Chrome/103.0.0.0 Safari/537.36'
    }                                 #进行 UA 伪装
response = requests.get(url=url,headers=headers)
text = response.text                  #获取到网页源代码
with open('baidu.html','w',encoding='utf-8') as fp:
    fp.write(text)                    #将网页源代码进行持久化存储
print('over!')
```

代码中的 headers 是为了掩饰使用爬虫的行为，让网站认不出这是一个爬虫。headers 里的 User-Agent 的值就是浏览器中 User-Agent 的值。如图 6-1 所示，首先打开浏览器，然后按<F12>键打开开发人员工具，单击 network 可以查看相关网络请求信息（必须先打开开发者工具再网页刷新才会有记录），再单击 www.baidu.com，这样就可以看到发送的是 get 还是 post 请求，也可以在 Request Headers 部分找到 User-Agent 的值，然后直接复制到代码中即可。这就写好了一个最简单的网络爬虫。

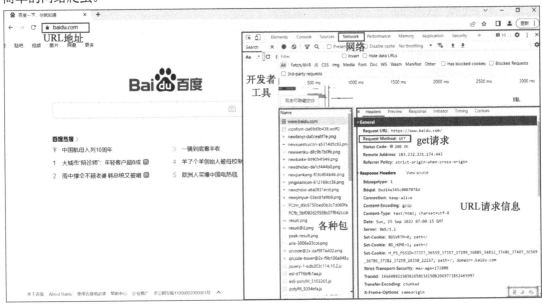

图 6-1　URL 信息

6.2.2　使用正则表达式进行字符串匹配

字符串是在编程时常用的一种数据类型，有时会在字符串里面查找一些内容，对于比较简单的查找，有一些内置的查找方法可以处理，对于比较复杂的字符串查找，或者是在一些内容经常变化的字符串里面查找，那么内置的查找方法就满足不了需求了，这个时候就需要使用正则表达式。正则表达式的作用就是匹配一些比较复杂的字符串。Python 网络爬虫正则表达式中的一些基本符号见表 6-1。

表 6-1　Python 网络爬虫正则表达式基本符号

符号	解释	示例
元字符		
.	匹配任意字符	b.t
\w	匹配数字/字母/下划线	b\wt
\s	匹配空白字符	love/syou
\d	匹配数字	/d/d
\b	匹配单词的边界	\bThe\b
^	匹配字符串的开始	^The
$	匹配字符串的结束	.exe$
[]	匹配来自字符集的任意单一字符	[aeiou]
[^]	匹配不在字符集中的任意单一字符	[^aeiou]
限定符		
*	匹配 0 次或多次	\w*
+	匹配 1 次或多次	\w+
?	匹配 0 次或 1 次	\w?
(N)	匹配 N 次	\w(3)
(N.)	匹配至少 N 次	\w(3.)
(M,N)	匹配至少 M 次至多 N 次	\w(3,6)
|	分支	foo|bar
(?#)	注释	
*?	重复任意次	a.*b
+?	重复 1 次或多次	
??	重复 0 次或 1 次	
(M,N)?	重复 M 到 N 次	
(M,)?	重复 M 次以上	

Python 网络爬虫正则表达式常用函数见表 6-2。

表 6-2 Python 网络爬虫正则表达式常用函数

函数	说明
compile(pattern,flags=0)	编译正则表达式，返回正则表达式对象
match(pattern,string,flags=0)	用正则表达式匹配字符串，成功返回匹配对象，否则返回 None
search(pattern,string,flags=0)	搜索字符串中第一次出现正则表达式的内容
split(pattern,string,maxsplit=0,flags=0)	用正则表达式指定的分隔符拆分字符串
sub(pattern,repl,string,count=0,flags=0)	用指定的字符串代替原字符串中与正则表达式匹配的模式，count 指替换的次数
fullmatch(pattern,string,flags=0)	math 函数的完全匹配版本
findall(pattern,string,flags=0)	查找字符串所有与正则表达式匹配的模式
purge()	清除隐式编译的正则表达式的缓存
re.I/re.IGNORECASE	忽略大小写匹配标记
re.M/re.MULTILINE	多行匹配标记

正则表达式对于初学者来说往往晦涩难懂，因此必须勤加练习，这样才能熟练掌握正则表达式的使用方法。

6.2.3 使用解析库解析网页

在 Python 网络爬虫中，常用的爬虫解析库有 bs4 解析库和 xpath 解析库，其中使用最多的是 xpath。xpath 解析库的使用非常广泛，在网络爬虫之外的地方也可以使用，因此下面对 bs4 解析库只进行简单介绍，着重讲解 xpath 解析库。

（1）bs4 解析库

使用 bs4 解析库进行数据解析时，先要用 Soup = beautifulsoup(page_text,'lxml')的方法进行对象实例化。常用的 bs4 方法见表 6-3。

表 6-3 常用的 bs4 方法

方　法	解　释
soup.tagName	返回文档中第一次出现的 tagName 对应的标签
soup.find	返回第一个出现的标签
soup.find_all	返回所有符合条件的标签
select('某种选择器' (id, class, 标签))	返回一个列表
soup.select('.tang > ul>　> a')	>表示一个层级，空格表示多个层级

获取标签的数据方法有 soup.a.text()、soup.a.string()和 soup.get_text()，其中 a 为字符串内容。区别是 soup.a.text()和 soup.get_text()可以获得一个标签中所有的文本内容，soup.a.string()只可以获得下面直系的内容。

（2）xpath 解析库

xpath 用于在 XML 文档中查找信息，可以在 XML 文档中对元素和属性进行遍历。xpath 是 W3C XSLT 标准的主要元素，并且 xquery 和 xpointer 都构建于 xpath 表达之上。

xpath 解析原理如下。

1）实例化一个 etree 对象，需要将被解析的页面源码数据加载至该对象。

2）通过调用 etree 对象中的 xpath 方法，结合 xpath 表达式实现标签的定位和内容的捕获。

下面的源代码可以爬取"4k 风景"图片的名字以及图片的地址，可以更加清晰直观地了解 xpath 的使用。

```
from lxml import etree
import requests
headers = {
    'USER_AGENT':'Mozilla/5.0 (Windows NT 10.0; Win64; x64; rv:103.0) Gecko/
20100101 Firefox/103.0'
} #进行 UA 伪装
url = 'http://pic.netbian.com/4kfengjing/'          #指定 URL
response = requests.get(url=url,headers=headers)
response.encoding = response.apparent_encoding      #自动编码，防止网页乱码
page_text = response.text
tree = etree.HTML(page_text)                        #进行对象实例化
li_list = tree.xpath('//div[@class="slist"]/ul/li') #存储所有的 list 列表
for li in li_list:
    img_src = 'http://pic.netbian.com'+li.xpath('./a/img/@src')[0]  #获取 src 属性
    img_name = li.xpath('./a/img/@alt')[0]+'.jpg'      #获取 name 属性
    print(img_name,img_src)
```

首先需要指定 URL，然后进行 UA 伪装。与之前的案例不同的是，这里进行了 etree 对象实例化，然后进行 xpath 解析。设置 response.encoding = response.apparent_encoding 是为了防止爬取的网站内容乱码，此代码为自动编码。

xpath 常用表达式见表 6-4。

表 6-4　xpath 常用表达式

表达式	描述
Nodename	选取此节点的所有子节点
/	从根节点选取（取子节点）
//	从匹配选择的当前节点选择文档中的节点，而不考虑它们的位置（取子孙节点）
.	选取当前节点
..	选取当前节点的父节点
@	选取属性

xpath 路径表达式见表 6-5。

表 6-5　xpath 路径表达式

路径表达式	结果
/bookstore/book[1]	选取属于 bookstore 子元素的第一个 book 元素
/bookstore/book[last()]	选取属于 bookstore 子元素的最后一个 book 元素
/bookstore/book[last()-1]	选取属于 bookstore 子元素的倒数第二个 book 元素

（续）

路径表达式	结果
/bookstore/book[position()<3]	选取最前面的两个属于 bookstore 元素的子元素的 book 元素
//title[@lang]	选取所有拥有名为 lang 的属性的 title 元素
//title[@lang='eng']	选取所有 title 元素，且这些元素拥有值为 eng 的 lang 属性
/bookstore/book[price>35]	选取 bookstore 元素的所有 book 元素，且其中 price 元素的值必须大于 35
/bookstore/book[price>35]//title	选取 bookstore 元素中的所有 title 元素，且其中 price 元素的值必须大于 35

6.2.4　Ajax 数据的爬取

通常情况下，在用 requests 爬取页面时，在浏览器中看到的正常显示的页面数据与使用 requests 抓取的数据存在差异，这个时候就要去考虑，当前网站的数据是否经过 JavaScript 处理过。这些数据有可能是经过 Ajax 加载，或者是特定算法计算后生成的，但是只需找到代码的关键入口，分析关键的加密属性，即可完成爬取。

下面来看一个百度翻译的案例。打开百度翻译的网址可以很容易看出，当输入所需翻译的单词时，页面是进行局部刷新的，这很容易就可以联想到此网页采取的是动态刷新，采取的是 Ajax 技术。遇到这种情况就需要进行抓包，可以清晰地发现，在 sug 这几个包里面就有我们需要的数据，URL 网址为 https://fanyi.baidu.com/sug，post 请求所携带的 kw 参数就是输入的单词，在 preview 可以看到翻译的结果，在响应头（Response Headers）里可以发现返回的是 JSON 串，因此可以用此思路编写代码，具体代码如下。

```python
import requests
headers = {
    'USER_AGENT':'Mozilla/5.0 (Windows NT 10.0; Win64; x64; rv:103.0) Gecko/
20100101 Firefox/103.0'  #进行 UA 伪装
}
url = 'https://fanyi.baidu.com/sug'  #指定 URL
kw = input("请输入需要翻译的单词:")
data ={
    'kw':kw
}
response = requests.post(url=url,data=data).json()  #返回 JSON 格式的数据
print(response)
```

首先需要指定 URL，再进行 UA 伪装，手动输入的 kw 变量就是我们需要查询的单词，kw 变量放到 data 字典里面充当 post 方法的参数，response 返回的信息就是我们需要的翻译结果，最后打印 response 即可。

6.2.5　使用 selenium 抓取动态渲染页面

selenium 模块是 python 的第三方库，是一个通过编写代码、让浏览器完成操作自动化的模块，并且可以更加便捷地获取动态加载的数据。

首先需要进行 selenium 模块的安装。在 PyCharm 终端输入 pip install selenium 指令，同时在使用 selenium 模块之前还需要下载相应的浏览器驱动，只有驱动下载好了此模块才能正常使用。

在上一小节中已经实现了手动抓取动态加载的数据，本小节将使用 selenium 模块，让 selenium 模块自动抓取动态加载的数据，此方法不需要去找每个包的规律，抓取动态数据的难度大大降低。

使用 selenium 模块抓取动态数据的具体代码如下：

```
from selenium import webdriver
from lxml import etree
world = input('请输入单词：')
url = "https://fanyi.baidu.com/#en/zh/"+world
bro = webdriver.Chrome()        #实例化一个浏览器对象
bro.get(url)   #让浏览器发起一个指定 url 请求
page_text = bro.page_source        #获取页面源码数据
tree = etree.HTML(page_text)    #实例化对象
#进行解析
Translate= tree.xpath('//div[@class="dictionary-output"]//div[@class="dictionary-comment"]//text()')
print(translate)        #打印输出结果
```

如今，selenium 模块主要是用于滑块解锁，模拟登录。用 selenium 进行动态数据爬取的效率比较低，而且很容易被检测出来，所以不推荐使用 selenium 进行动态数据的爬取。

6.3　常见的网络爬虫框架

框架是集成了很多功能并且具有很强通用性的项目模板，学习框架最主要的目的就是学习框架封装的各种功能的详细用法。常见的网络爬虫框架有 Scrapy、WebMagic、Crawler4j、WebCollector。下面介绍这几个框架的使用方法。

6.3.1　Scrapy 框架

Scrapy 框架是 Python 网络爬虫中的"明星"框架，它能使用少量的代码实现快速的抓取。在使用 Scrapy 框架之前需要先进行环境配置，在 PyCharm 终端输入 pip install scrapy 指令即可完成 Scrapy 框架的安装。

使用 Scrapy 框架爬取数据的第一步需要创建一个工程，PyCharm 终端指令为 scrapy startproject xxxpro；第二步需要在 spiders 子目录中创建一个爬虫文件，PyCharm 终端指令为 scrapy genspider spiderName www.xxx.com；另外，执行工程的指令为 scrapy crawl spiderName。

在使用 Scrapy 框架爬取页面数据之前，还需更改爬虫工程中 settings.py 文件配置里的参数，设置 USER-AGENT 进行伪装。如果遵从 robots 协议，那么就爬取不到什么东西了，所以 settings.py 文件需要修改代码 ROBOTSTXT_OBEY=False，再加一条 LOG_LEVEL = 'ERROR'语句，此语句只打印错误的日志以及想输出的打印结果。使用 scrapy crawl spiderName-nolog 也可以不打印日志，但是如果日志报错也不知道错在哪里，因此不推荐使用此方法。

在 6.2.3 节使用 xpath 解析过 4k 风景图片，现在尝试用 Scrapy 框架进行处理，具体代码如下。

```
import scrapy                    #导入 scrapy 包
class ScenerySpider(scrapy.Spider):
    name = 'scenery'             #name 为唯一标识
    #allowed_domains = ['www.xxx.com']                #此语句不推荐使用
    start_urls = ['http://pic.netbian.com/4kfengjing/']  #需要爬取的 URL 列表
    def parse(self, response):       #parse 函数用于数据解析
        li_list = response.xpath('//div[@class="slist"]/ul/li')  #使用 xpath 解析
        for li in li_list:
            #extract()函数可以提取 selecter 容器中的 data 参数存取的字符串提取出来
            src = 'http://pic.netbian.com'+li.xpath('./a/img/@src')[0].extract()
            name = li.xpath('./a/img/@alt')[0].extract()+'.jpg'
            print(name,src)
```

需要说明的是，一般不用 allow_domains 参数，否则爬取网页的时候可能会出现错误。start_url 列表里面可以存放多个 URL，该列表中存放的 URL 会被 Scrapy 框架进行自动请求发送。parse 函数就是专门用来解析数据的函数。extract 函数用于提取 selecter 容器中 data 参数存取的字符串。

数据爬取完毕就可以基于 PyCharm 终端指令存储了，但只可以将 parse()方法的返回值储存到本地的文本文件中。使用 Scrapy 爬取 4k 风景图片信息以及持久化存储的代码如下。

```
import scrapy
class ScenerySpider(scrapy.Spider):
    name = 'scenery'
    #allowed_domains = ['www.xxx.com']
    start_urls = ['http://pic.netbian.com/4kfengjing/']  #指定 URL
    def parse(self, response):                #解析函数
        li_list = response.xpath('//div[@class="slist"]/ul/li')
        all_data = []                #用于存放全部数据的列表
        for li in li_list:
            #extract()函数可以提取 selecter 容器中的 data 参数存取的字符串提取出来
            src = 'http://pic.netbian.com'+li.xpath('./a/img/@src')[0].extract()
            name = li.xpath('./a/img/@alt')[0].extract()+'.jpg'
            dic = {
                'src':src,
                'name':name
            }                        #字典中存放 src 和 name
            all_data.append(dic)     #给字典中的内容保存到列表中
        return all_data
```

编写完这些代码后，只需在 PyCharm 终端输入 scrapy crawl Name-o filePath 即可进行数据持久化存储。PyCharm 终端存储虽然简洁、高效、便捷，但是也有一些局限性，它只支持存储在

json、jsonlines、jl、scv、xml、marshal、pickle 后缀的文件中。

　　另外还有一种数据存储的方法是基于管道持久化存储，此方法没有终端存储一系列的局限性，但是相对较为烦琐，具体步骤如下。

　　1）进行数据解析。

　　2）在 item 类中定义相关属性。

　　3）将解析的数据封装到 item 类型的对象。

　　4）将 item 类型的对象提交给管道进行持久化存储。

　　5）在管道类的 process_item 中要将其接收到的 item 对象中存储的数据进行持久化存储操作。

　　6）在配置文件中开启管道。

　　一般爬虫都放置在 scrapy 文件中，scrapy 文件代码如下：

```python
import scrapy
from fengjing.items import FengjingItem
class ScenerySpider(scrapy.Spider):
    name = 'scenery'
    #allowed_domains = ['www.xxx.com']
    start_urls = ['http://pic.netbian.com/4kfengjing/']
    def parse(self, response):
        li_list = response.xpath('//div[@class="slist"]/ul/li')
        for li in li_list:
            src = 'http://pic.netbian.com'+li.xpath('./a/img/@src')[0].extract()
            name = li.xpath('./a/img/@alt')[0].extract()+'.jpg'
            item = FengjingItem()    #将解析的数据封装存储到 item 类型的对象
            item['src'] = src
            item['name'] = name
            yield item                  #将 item 提交给管道
```

items 文件负责处理被 spider 提取出来的 item，items 文件代码如下：

```python
import scrapy
class FengjingItem(scrapy.Item):
    src = scrapy.Field()
    name = scrapy.Field()
```

当 items 被返回的时候，会自动调用 pipelines 类中的 process_item()。pipelines 文件代码如下：

```python
class FengjingPipeline:
    fp = None
    #重写父类方法：该方法只在爬虫开始的时候调用一次
    def open_spider(self,spider):
        print('开始爬虫>>>')
        self.fp = open('./scenery.txt','w',encoding='utf-8')
    #专门用来处理 item 类型对象的
```

```
#可以接收爬虫文件提交过来的 item 对象
#该方法每接收到一次 item 就会被调用一次
def process_item(self, item, spider):
    src = item['src']
    name = item['name']
    self.fp.write(src+','+name+'/n')
    return item
def close_spider(self,spider):
    print('结束爬虫>>>')
    self.fp.close()
```

settings 文件是爬虫的配置文件，需要修改的代码如下：

```
ITEM_PIPELINES = {
'fengjing.pipelines.FengjingPipeline':300,
#300 表示的是优先级，数值越小优先级越高
}
USER_AGENT = 'Mozilla/5.0 (Windows NT 10.0; Win64; x64) AppleWebKit/537.36
(KHTML, like Gecko) Chrome/103.0.0.0 Safari/537.36'        #UA 伪装
ROBOTSTXT_OBEY = False        #不遵守 robots 协议
LOG_LEVEL = "ERROR"          #只打印错误日志信息和输出
```

6.3.2 WebMagic 框架

WebMagic 是一个开源的 Java 垂直爬虫框架，目标是简化爬虫的开发流程，让开发者专注于逻辑功能的开发。WebMagic 采用完全模块化的设计，功能覆盖整个爬虫的生命周期（链接提取、页面下载、内容抽取、持久化），支持多线程抓取、分布式抓取，并支持自动重试、自定义 UA/cookie 等功能。WebMagic 包含页面抽取功能，开发者可以使用 css selector、xpath 和正则表达式进行链接和内容的提取，支持多个选择器链式调用。

WebMagic 项目代码分为核心和扩展两部分。

- 核心部分（webmagic-core）是一个精简的、模块化的爬虫实现，而扩展部分则包括一些便利的、实用性的功能。WebMagic 的架构设计参照了 Scrapy，目标是尽量模块化，并体现爬虫的功能特点。这部分提供非常简单、灵活的 API，在基本不改变开发模式的情况下，编写一个爬虫。
- 扩展部分（webmagic-extension）提供一些便捷的功能，例如注解模式编写爬虫等。同时内置了一些常用的组件，便于爬虫开发。

WebMagic 的结构分为 Downloader（下载）、PageProcessor（页面解析器）、Scheduler（调度程序）、Pipeline（管道）四大组件，并由 Spider（蜘蛛）将它们彼此组织起来。四大组件对应爬虫生命周期的下载、处理、管理、持久化，而 Spider 将几个组件组织起来，让它们可以交互，流程化地执行。可以认为 Spider 是一个大容器，它也是 WebMagic 逻辑的核心。WebMagic 总体架构如图 6-2 所示。

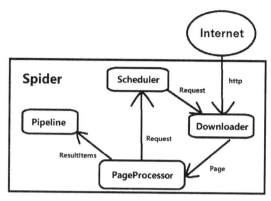

图 6-2 WebMagic 总体架构

1）Downloader：负责从互联网上下载页面，以便后续处理。WebMagic 默认使用 Apache HttpClient 作为下载工具。

2）PageProcessor：负责解析页面，抽取有用信息，以及发现新的链接。WebMagic 使用 Jsoup 作为 HTML 解析工具，并基于其开发了解析 xpath 的工具 Xsoup。在这四个组件中，PageProcessor 对于每个站点、每个页面都不一样，需要使用者定制。

3）Scheduler：负责管理待抓取的 URL，以及一些去重的工作。WebMagic 默认提供了 JDK 的内存队列来管理 URL，并用集合来进行去重；同时也支持使用 Redis 进行分布式管理。除非项目有一些特殊的分布式需求，否则无须自己定制 Scheduler。

4）Pipeline：负责抽取结果的处理，包括计算、持久化到文件、数据库等。WebMagic 默认提供了"输出到控制台"和"保存到文件"两种结果处理方案。Pipeline 定义了结果保存的方式，如果要保存到指定数据库，则需要编写对应的 Pipeline。对于一类需求一般只需编写一个 Pipeline。

6.3.3 Crawler4j 框架

Crawler4j 是一个开源的 Java 网络爬虫框架，使用 Crawler4j 可以快速建立一个多线程爬取网站的程序，而且可以快速完成编码。

Crawler4j 的优点如下。

1）多线程采集。

2）内置了 URL 过滤机制，采用 BerkeleyDB 进行 URL 的过滤。

3）可扩展为支持结构化提取网页字段，可作为垂直采集用。

Crawler4j 的缺点如下。

1）不支持动态网页抓取，例如网页的 Ajax 部分。

2）不支持分布式采集。

首先，需要创建一个扩展 WebCrawler 的爬虫类，该类决定应抓取哪些 URL 并处理下载的页面。下面是一个示例的实现。

```
public class MyCrawler extends WebCrawler {
    private final static Pattern FILTERS = Pattern.compile (".*(\\.(css|js|
```

gif|jpg" + "|png|mp3|mp4|zip|gz))$");

```
        /**
         *这个方法主要是决定哪些 URL 需要抓取，返回 true 表示是需要的，返回 false 表示不
是需要的 URL
         * 第一个参数 referringPage 封装了当前爬取的页面信息 第二个参数 url 封装了当前爬
取的页面 url 信息
         * 在这个例子中，我们指定爬虫忽略具有 css、js、git 等扩展名的 URL，只接受以
"http://www.ics.uci.edu/" 开头的 URL。
         * 在这种情况下，我们不需要 referringPage 参数来做出决定
         */
        @Override
        public boolean shouldVisit(Page referringPage, WebURL url) {
            String href = url.getURL().toLowerCase();// 得到小写的 URL
            return!FILTERS.matcher(href).matches() // 正则匹配，过滤掉我们不需要的后
缀文件
            href.startsWith("http://www.ics.uci.edu/");//只接受以 "http://www.ics.
uci.edu/" 开头的 URL
        }
        /**
         * 当一个页面被提取并准备好被程序处理时，这个函数将被调用
         */
        @Override
        public void visit(Page page) {
            String url = page.getWebURL().getURL();// 获取 URL
            System.out.println("URL: " + url);

            if (page.getParseData() instanceof HtmlParseData) {// 判断是否是 HTML 数据
                HtmlParseData htmlParseData = (HtmlParseData)page.getParseData();
//// 强制类型转换，获取 HTML 数据对象
                String text = htmlParseData.getText();//获取页面纯文本（无 HTML 标签）
                String html = htmlParseData.getHtml();//获取页面 HTML
                Set<WebURL> links = htmlParseData.getOutgoingUrls();// 获取页面输出链接

                System.out.println("纯文本长度: " + text.length());
                System.out.println("html 长度: " + html.length());
                System.out.println("链接个数 " + links.size());
            }
        }
    }
```

从上面的代码中可以看出，有两个主要的函数应该根据我们的需求而被重写。

- shouldVisit：此函数决定是否应抓取给定的 URL。在上面的例子中，不允许抓取 css、js 和媒体文件，只允许 "www.ics.uci.edu" 域内的页面。
- visit：URL 内容下载成功后调用该函数。通过调用该函数可以轻松获取下载页面的 URL、文本、链接、HTML 和唯一 id。

除此之外，还应该实现一个控制器类，它指定爬网的种子、中间爬网数据应该存储的文件夹以及并发线程的数量，示例代码如下。

```java
public class Controller {
    public static void main(String[] args) throws Exception {
        String crawlStorageFolder = "E:/crawler";// 定义爬虫数据存储位置
        int numberOfCrawlers = 7;// 定义了 7 个爬虫，也就是 7 个线程
        CrawlConfig config = new CrawlConfig();// 定义爬虫配置
        config.setCrawlStorageFolder(crawlStorageFolder);// 设置爬虫文件存储位置
        /*
         * 实例化爬虫控制器
         */
        PageFetcher pageFetcher = new PageFetcher(config);// 实例化页面获取器
        RobotstxtConfig robotstxtConfig = new RobotstxtConfig();// 实例化爬虫
机器人配置

        // 实例化爬虫机器人对目标服务器的配置，每个网站都有一个 robots.txt 文件
        // 规定了该网站哪些页面可以爬，哪些页面禁止爬，该类是对 robots.txt 规范的实现
        RobotstxtServer robotstxtServer = new RobotstxtServer(robotstxtConfig,
pageFetcher);

        // 实例化爬虫控制器
        CrawlController controller = new CrawlController(config, pageFetcher,
robotstxtServer);

        /*
         * 对于每次抓取，需要添加一些种子网址。这些是抓取的第一个 URL，然后抓取工具
开始跟随这些页面中的链接
         */
        controller.addSeed("http://www.ics.uci.edu/~lopes/");
        controller.addSeed("http://www.ics.uci.edu/~welling/");
        controller.addSeed("http://www.ics.uci.edu/");

        /**
         * 启动爬虫，根据以上配置开始执行爬虫任务
         */
        controller.start(MyCrawler.class, numberOfCrawlers);
    }
}
```

6.3.4　WebCollector 框架

WebCollector 是一个无须配置、便于二次开发的 Java 爬虫框架（内核），它提供精简的 API，只需少量代码即可实现一个功能强大的爬虫。WebCollector-Hadoop 是 WebCollector 的 Hadoop 版本，支持分布式爬取。

WebCollector 使用了 Nutch 的爬取逻辑（分层广度遍历）、Crawler4j 的用户接口（覆盖 visit 方法，定义用户操作），以及自己的插件机制，设计了一套爬虫内核。

WebCollector 与传统网络爬虫的区别就是：传统的网络爬虫倾向于整站下载，目的是将网站内容原样下载到本地，数据的最小单元是单个网页或文件，而 WebCollector 可以通过设置爬取策略进行定向采集，还可以抽取网页中的结构化信息。

WebCollector 采用一种粗略的广度遍历，但这里的遍历与网站的拓扑树结构没有任何关系，用户不需要在意遍历的方式。

网络爬虫会在访问页面时，从页面中探索新的 URL 继续爬取。WebCollector 为探索新 URL 提供了两种机制，自动解析和手动解析。

6.4　实践案例：使用 Scrapy 爬取电商网站数据

前面已经介绍了 Scrapy 框架，现在就动手操作，使用 Scrapy 来爬取电商网站的数据。网站页面如图 6-3 所示。设置 url='xxxx'，xxxx 为需要爬取的目标地址。

图 6-3　电商网站页面

1. 创建项目

首先，需要创建一个爬虫项目，终端指令为 scrapy startproject [项目名称]，例如 scrapy startproject book。然后再在项目路径下创建一个爬虫，终端指令为 scrapy genspider [爬虫名称] [所要爬取的域名]，例如 scrapy genspider suning suning.com。

2. 配置参数

接下来，需要设置一系列的参数配置，包括 UA 伪装、只打印输出结果和错误日志信息、延时、管道优先级，Settings 文件代码如下：

```
BOT_NAME = 'book'
SPIDER_MODULES = ['book.spiders']
NEWSPIDER_MODULE = 'book.spiders'
USER_AGENT = 'Mozilla/5.0 (Windows NT 10.0; Win64; x64) AppleWebKit/537.36
```

```
(KHTML, like Gecko) Chrome/103.0.0.0 Safari/537.36'
        ROBOTSTXT_OBEY = False
        LOG_LEVEL = "ERROR" #只打印输出结果以及错误日志信息
        DOWNLOAD_DELAY = 3  #延时作用
        ITEM_PIPELINES = {
            'book.pipelines.BookPipeline': 300,
        } #管道优先级
```

items 文件代码如下:

```
import scrapy
class BookItem(scrapy.Item):
    # define the fields for your item here like:
    # name = scrapy.Field()
    # 大标签
    b_label = scrapy.Field()
    # 中标签
    m_label = scrapy.Field()
    # 小标签
    s_label = scrapy.Field()
    # 书名
    book_name = scrapy.Field()
    # 价格
    book_price = scrapy.Field()
    # 书作者
    book_author = scrapy.Field()
    # 出版社
    book_publish = scrapy.Field()
    # 出版时间
    publish_time = scrapy.Field()
```

3. 编写 suning 爬虫文件

然后, 就可以正式编写 suning.py 文件了, 该文件的作用是从网页上爬取信息, 并进行数据解析。此网站每一页的数据都使用静态+动态加载, 因此需要分析动态加载的规律。suning 文件代码如下。

```
import scrapy
from book.items import BookItem
import re
import time
class SuningSpider(scrapy.Spider):
    name = 'suning'
    allowed_domains = ['suning.com']
    start_urls = ['https://book.suning.com/']
    def parse(self, response):
        item = BookItem()
```

```
        menu_list = response.xpath("//div[@class='menu-list']//div[@class='menu-item']")
[:-2]   # 返回的是一个列表
        sub_list = response.xpath("//div[@class='menu-list']//div[@class='menu-sub']")
# 返回的是一个列表
            print(menu_list)
            print(sub_list)
            for index, i in enumerate(menu_list):
                # 1. 抓取大标签
                item["b_label"] = i.xpath(".//dl//dt//h3//a/text()").extract_first()
                sub = sub_list[index].xpath(".//div[@class='submenu-left']//p")
                for index1, j in enumerate(sub):
                    # 2.抓取中标签
                    item["m_label"] = j.xpath(".//a/text()").extract_first()
                    ssub = response.xpath(
                        f"//div[@class='menu-list']//div[@class='menu-sub'][{index+
1}]//div[@class='submenu-left']//ul[{index1 + 1}]")
                    s_list = ssub.xpath(".//li")
                    for k in s_list:
                        # 3.抓取小标签
                        item["s_label"] = k.xpath(".//a/text()").extract_first()
                        # 4.抓取产品 URL(经分析数据由两种形式，一种是网页，一种是 JSON)
                        next_url = k.xpath(".//a/@href").extract_first()  # 第一页 url
                        url_key = re.findall(r"[0-9]+", next_url)[1]
                        for page in range(0, 101):
                            # 针对网页数据形式
                            page_url=f"https://list.suning.com/1-{url_key}-{page}.html"
                            yield scrapy.Request(
                                page_url,
                                callback=self.page_parse,
                                meta={"item": item})

                            # 针对 JSON 数据形式
                            base_json_url = "https://list.suning.com/emall/
showProductList.do?"

                            if page == 0:
                                json_url = base_json_url + f"ci={url_key}&pg=03&cp=
0&il=0&iy=0&adNumber=0&n=1&ch=4&prune=0&sesab=ACBAABC&id=IDENTIFYING&" + "paging=1&sub=0"
                            else:
                                json_url = base_json_url + f"ci={url_key}&pg=03&cp=
{page}&il=0&iy=0&adNumber=0&n=1&ch=4&prune=0&sesab=ACBAABC&id=IDENTIFYING&" + "&cc=020"
                            yield scrapy.Request(
                                json_url,
                                callback=self.page_parse,
                                meta={"item": item}
                            )
```

```
def page_parse(self, response):
    item = response.meta["item"]
    product_url_list = response.xpath("//div[@class='img-block']//a/@href").
extract()

    if product_url_list is not None:
        for detail_url in product_url_list:
            detail_url = "https:" + detail_url
            yield scrapy.Request(
                detail_url,
                callback=self.product_description,
                meta={"item": item}
            )

def product_description(self, response):
    item = response.meta["item"]
    item["book_name"] = re.findall(r'"itemDisplayName":".*?"', response.
body.decode())[0].split(":")[1]
    # 价格没法通过 xpath 获取，只能通过源码方式获取
    item["book_price"] = re.findall(r'"itemPrice":".*?"', response.body.
decode())[0].split(":")[1]
    item["book_author"] = \
    response.xpath(".//ul[@class='bk-publish　clearfix']//li[1]/text()").
extract_first().split("\n")[1].strip()
    item["book_publish"] = response.xpath(
        ".//ul[@class='bk-publish　clearfix']//li[2]/text()").extract_first().
strip()
    item["publish_time"] = response.xpath(
        ".//ul[@class='bk-publish clearfix']//li[3]//span[2]/text()").extract_
first(). strip()
    time.sleep(1)
    print("大标签：%s" % item["b_label"])
    print("中标签：%s" % item["m_label"])
    print("小标签：%s" % item["s_label"])
    print("书名：%s" % item["book_name"])
    print("价格：%s" % item["book_price"])
    print("作者：%s" % item["book_author"])
    print("出版社：%s" % item["book_publish"])
    print("出版时间：%s" % item["publish_time"])
    print("")
    yield item
```

4．管道文件配置

最后配置管道文件，进行持久化存储数据，具体代码如下。

```
class BookPipeline:
```

```
fp = None
# 重写父类方法：该方法只在爬虫开始的时候调用一次
def open_spider(self, spider):
    print('开始爬虫>>>')
    self.fp = open('./suning.csv', 'w', encoding='utf-8')
def process_item(self, item, spider):
    name = item['book_name']
    price = item['book_price']
    author = item['book_author']
    publish = item['book_publish']
    time = item['publish_time']
    self.fp.write(name + ';'+ price + ';'+ author + ';'
                + publish + ';'+ time + '\n')
    return item
def close_spider(self,spider):
    print('结束爬虫>>>')
    self.fp.close()
```

这里持久化存储为 csv 文件格式，只需要存储书名、价格、作者、出版社、出版时间。

如图 6-4 所示，已经完成了电商网站数据的爬取，并且已经完成了数据的持久化存储，字段之间用分号隔开。

图 6-4　电商网站数据爬取完成

习题

1. 爬取豆瓣电影相关信息，并写出实验步骤及遇到的问题。
2. 爬取笔趣阁的小说，并写出实验步骤及遇到的问题。

第7章 Python 数据预处理库的使用

数据预处理（Data Preprocessing）是指在开展主要的数据处理工作以前对数据进行的一些处理。Python 是当前普遍使用的计算机编程语言，Python 与数据预处理的结合必然会产生巨大的优势。在本章中将了解 Python 在数据分析方面的优势，学习 Python 数据预处理中常用的四大函数库，即 NumPy、Pandas、SciPy、Matplotlib，理解数据预处理的目的，掌握如何使用 Python 的相关函数进行数据预处理操作，并在最后通过一个示例项目加深读者对本章所学知识的理解。

7.1 Python 与数据分析

信息时代，随着计算机技术与日常生活的高度结合，大量的数据也随之产生，数据在各行各业的重要性愈加突出，对这些数据进行分析必然是未来生活的核心环节。由此便引入了数据分析这一概念，数据分析是指使用统计方法对获取到的数据进行汇总和分析，以期能够最大化开发、利用这些数据，而 Python 作为近年来最流行的计算机编程语言，同时也是数据分析领域的常用语言，为什么选用 Python 进行数据分析？Python 自身具备哪些优势，以及它在数据分析领域中又具有哪些优势？是读者首先要了解的。

7.1.1 Python 的特点

Python 从 1990 年诞生以来，便不断进行版本更新和迭代，成为目前最受欢迎的编程语言之一。相较于其他编程语言，Python 具有以下几个特点。

- 学习资源丰富：Python 作为近年来最热门的编程语言，在国内拥有大量的使用者和学习者，各大论坛和学习网站上，Python 都极具讨论度。同时，各大高校纷纷开设了 Python 相关课程，有关 Python 的学习资源因此变得丰富。
- 学习难度相对较低：相对于 C 语言来说，Python 没有指针的概念，对初学者相对友好。初学者只需学习一些简单的语法规则和语句便可以着手实践项目，学习过程相对有趣。
- 良好的学习氛围：Python 作为一种新型编程语言，程序员们对于它的学习仍然还在进行中，各大论坛中也有不少行业资深人员对初学者的疑惑进行解答，并且还制定了较为详细的学习路线和规划。
- 功能强大：Python 与 Java 类似，也拥有许多库，比如，由金融分析工程师 Wes McKinney 开发的 Pandas 库，可用于大数据领域中高效地处理数据；由游戏开发人员 Peter Shinner 开发的 Pygame 库，可用于游戏开发领域中的相关图像、视频制作。用户可以根据自己的需要引用相关的库实现功能。
- 易于扩展的解释器：Python 的解释器易于扩展，可以使用其他语言（如 C、C++）扩展新的功能和数据类型。

- 开源：Python 作为开源的编程语言，一方面，开发人员通过 Python 编写的项目可以上传到互联网中供其他用户使用，其他用户可以根据自身的需要对项目的源码进行修改；另一方面，Python 的编译器和模块也向用户开放，以便用户对 Python 的不足之处提出问题或改进方案。

7.1.2 为何使用 Python 进行数据分析

Python 中引入了 NumPy、Pandas、SciPy、Matplotlib 等函数库。其中，NumPy 库提供了用于存储和处理大型矩阵的函数，Pandas 库提供了对数据的读取、存储、异常处理等功能的实现，SciPy 库可用于插值、积分、优化、图像处理等，Matplotlib 实现了数据的图像化显示。

上述功能的实现均不需要引入其他第三方软件，直接在 Python 中导入相关库即可，从而避免了工作环境的复杂化以及软件之间的交互困难。此外，Python 的简易语法又使得开发人员能够专注于数据的分析过程，而不用深究于代码的语法规则。下面介绍 Python 在数据分析领域中常用的几个函数库。

7.2 NumPy：数组与向量计算

NumPy（Numeric Python）是 Python 的一种开源数值计算的扩展，常用于对数组和向量进行计算。数组和向量的存在极大地提升了用户处理数据的效率，用户可以通过 NumPy 中提供的函数，对数组和向量进行求和、取整、取余等计算，以便为后续的数据处理打好基础。

对于数组和向量，NumPy 中均使用一个 N 维数组对象（即 Ndarray）对它们进行处理。在 Ndarray 中，所有的数据元素的数据类型必须相同，并且每个数组都具有 shape 和 dtype 两个属性，其中 shape 表示数组的维度大小，dtype 表示该数组中元素的数据类型。

要对数组或向量进行计算，首先需要在 Python 中创建数组，接下来介绍 Python 中创建数组的几种方法。

1. 创建数组的方法

1）从列表生成数组，相关代码和运行结果如下。

```
In []:import numpy as np        #导入 NumPy 库
       a=[1,2,3,4]               #生成列表 a
       b=np.array(a)             #通过 array 函数，生成数组 b
       b
Out[]:array([1, 2, 3, 4])
```

2）从列表传入，相关代码和运行结果如下。

```
In []:c=np.array([1,2,3,4])     #将列表通过 array 函数转化为数组并赋值给 c
      c
Out[]:array([1, 2, 3, 4])
```

3）生成全 0 数组，其中数组中元素的个数为 5，生成的数据类型为浮点数，相关代码和运行结果如下。

```
In []:np.zeros(5)              #生成含有 5 个数字为 0 的数组
Out[]:array([0., 0., 0., 0., 0.])
```

4）生成整数数组，相关代码和结果如下。

```
In []:d=np.arange(1,10)      #生成一个范围在 1~9 的数组并赋值给 d
    d
Out[]:array([1, 2, 3, 4, 5, 6, 7, 8, 9])
```

5）生成等差数组，相关代码和结果如下。

```
In []:e=np.linspace(1,10,19) #生成一个范围在 1~10 之间、共 20 个数的数组并赋值给 e
    e
Out[]:array([ 1. , 1.5, 2. , 2.5, 3. , 3.5, 4. , 4.5, 5. , 5.5, 6. ,6.5, 7. ,
7.5, 8. , 8.5, 9. , 9.5, 10. ])
```

2.　数组和向量

从定义上来看，数组是指同一种数据元素构成的阵列，维度可以是一维也可以是多维，每个维度可以包含不同数量的元素。向量通常被认为是一维的数组，可分为行向量和列向量，在 NumPy 中，默认定义的向量为行向量。

数组和向量之间可以相互转化。

1）向量转化为数组：首先使用函数 numpy.mat() 将向量转化为矩阵，再使用函数 numpy.flatten() 将对应的矩阵转化为数组。

2）数组转化为向量：直接使用函数 array.ravel() 转化即可。

下面分别构造一个向量和数组，并将它们显示出来以便观察，相关代码和结果如下。

```
In []:array=np.array([[1,2,3,4]])   #数组
    vector=np.array([1,2,3,4])      #向量
In[]:array
Out[]:array([[1, 2, 3, 4]])
In[]:vector
Out[]:array([1, 2, 3, 4])
```

数组与向量在形式上存在区别，但在实际计算中可以将数组和向量视为同一事物。因此，在后文不再区分数组和向量。

3.　计算操作

在未引入 NumPy 库时，如果想对列表 a=[1,2,3,4] 进行列表中每个元素+1 的操作，直接执行 a+1 程序将会报错。如果还存在列表 b=[2,3,4,5]，要想实现两个列表的相加，执行 a+b 操作也只会将两个列表连接起来形成[1,2,3,4,2,3,4,5]，并不能达到预期的目标。对于较小的数组，可以使用循环语句将两个数组按照索引数相加起来，并将结果存放于新数组中，但当数据量过大时，循环语句会消耗过多的时间。此时使用 NumPy 的内置函数，上述操作会变得非常简单。通过代码 import numpy as np 引入 NumPy 库后，定义数组 a=np.array([1,2,3,4])，直接执行 a+1，就可以达到将 a 中所有元素的值加 1 这个目的。若要将两个数组相加起来，则必须先保证所要相加的两个数

组的维数相同。

NumPy 中常用的函数如下。

（1）NumPy 位运算

- bitwise_and()：对数组中整数的二进制形式进行与运算。
- bitwise_or()：对数组中整数的二进制形式进行或运算。
- invert()：对数组中整数进行位取反运算，即 0 变成 1，1 变成 0。对于有符号整数，取该二进制数的补码，然后+1。对于二进制数，最高位为 0 表示正数，最高位为 1 表示负数。
- left_shift()：将数组中整数的二进制形式向左位移指定个位置，并且在该二进制数尾部添加等量的 0。
- right_shift()：将数组中整数的二进制形式向右位移指定个位置，并且在该二进制数尾部添加等量的 0。

（2）NumPy 数学函数

- around()：对指定数字进行四舍五入操作，例如 numpy.around(a,decimals)，其中 a 为数组，decimals 为所要保留的小数位数，默认为 0。
- floor()：取整函数，对于指定的数组进行向下取整，示例如下。

```
In []:a = np.array([-1.7, -1.5, -0.2, 0.2, 1.5, 1.7, 2.0])    #创建一个数组 a
      np.floor(a)                                              #对数组进行向下取整操作
Out[]:array([-2., -2., -1.,  0.,  1.,  1.,  2.])
```

- ceil()：取整函数，对于指定的数组进行向上取整。
- sum()：对数组使用求和函数，若该数组为一维数组，则会将该数组的所有元素相加，若该数组为多维数组，则将该数组的各列上的所有元素相加起来。

下面举例说明一维数组求和、生成多维数组以及多维数组求和的相关代码和运行结果。

一维数组求和：

```
In[]:b=np.array([1,2,3,4])    #生成一个数组 b
     sum(b)                   #求和
Out[]:10
```

生成多维数组：

```
In[]:a=np.arange(12).reshape(3,4)    #生成一个范围在 0~11、3 行 4 列的矩阵
     a
Out[]:array([[ 0,  1,  2,  3],
             [ 4,  5,  6,  7],
             [ 8,  9, 10, 11]])
```

多维数组求和：

```
In[]:a=np.arange(12).reshape(3,4)    #生成一个范围在 0~11、3 行 4 列的矩阵
     sum(a)                          #求和
Out[]:array([12, 15, 18, 21])
```

- reciprocal()：返回指定数组中元素的倒数，相关代码如下：

```
In[]:c=np.array([0.25,0.1,0.2])    #生成一个数组 c
```

```
        d=np.reciprocal(c)              #将数组 c 中各项取倒数并将结果赋值给 d
        d
   Out[]:array([ 4., 10., 5.])
```

- dot()：计算两个数组的内积，首先需要保证两个数组维数相等，然后将两个数组对应位置
  上的数字相乘，最后将所有运算结果相加得出结果，相关代码如下：

```
   In[]:e=np.array([1,2,3])             #生成一个数组 e
        f=np.array([2,4,6])             #生成一个数组 f
        g=np.dot(e,f)                   #对数组 e 和 f 进行内积计算并将结果返回给 g
        g
   Out[]:28
```

7.3　Pandas：数据结构化操作

Pandas 是一个快速、功能强大、灵活、并且易于使用的开源数据分析和管理的工具。Pandas 同时也是基于 NumPy 的工具包，它纳入了大量库和一些标准的数据模型，提供了高效操作大型数据集所需的工具，以及大量快速便捷地处理数据的函数和方法。与 NumPy 不同的是，Pandas 拥有自己独特的数据结构：Series 和 DataFrame。

1. Series

Series 是一维数组，与 NumPy 中的一维数组（array）类似。二者与 Python 基本的数据结构列表 list 也很接近。但不同点在于，Series 能保存不同的数据类型，字符串、Boolean 值、数字等都能保存在 Series 中，而 array 中只能保存数据类型相同的数据。

引入 Pandas 库，使用 pd.Series()函数创建一个数组，相关代码如下：

```
   In[]:import pandas as pd             #导入 pandas 库
        pd.Series([1,2,3,4])            #将列表[1,2,3,4]转换成 Series 结构
   Out[]: 0    1
          1    2
          2    3
          3    4
        dtype: int64
```

运行结果中，最左侧一栏表示该数组中数据的索引，右侧为数组中的数据，末尾会显示该数组的数据类型。

假如将数组赋值给 a，使用 a.index 可以查看数组索引的相关信息，a.values 可以查看数组的具体数据。

上面介绍了查看数组中全部元素的方法，要想查看数组中的部分元素，需要使用切片操作，切片操作会取到冒号右边索引值的前一个元素，如 a[1:3]，即选取 a 中索引为 1 到索引为 2 的数据，相关代码如下：

```
   In[]:a=pd.Series([1,2,3,4])         #生成一个 Series 结构，命名为 a
        a[1:3]                          #选取 a 中索引值为 1～2 的元素
```

```
Out[]:1    2
       2    3
dtype: int64
```

对于已经生成的数组 a，使用 a.index()函数可用于修改索引值。如果修改了索引值，假设将索引值改为了字母，则使用修改后的索引值进行切片操作时，需要改为取到冒号右边索引值所在的元素，相关代码如下。

```
In[]:a.index=(['a','b','c','d'])        #更改 a 的索引名称
     a['b':'d']                          #选取 a 中索引值为 "b" 至 "d" 的元素
Out[]:b    2
      c    3
      d    4
dtype: int64
```

2. DataFrame

DataFrame 是一个二维的表格型数据结构，可以将 DataFrame 理解为 Series 的容器，从形状上可以看作一个表格。可以使用 pandas.DataFrame()函数生成 DataFrame 结构，相关代码如下：

```
In[]:ver=np.arange(4)                   #生成一个范围在 0～3 之间的数组，命名为 ver
     df=pd.DataFrame(np.random.randn(4,4),index=ver,columns=list("ABCD"))
     df
#生成一个 4 行 4 列的 DataFrame 结构，命名为 df，列索引为 ver，行索引为 A～D
Out[]:        A           B           C           D
0       -1.930597    0.461866    1.791514   -0.820005
1       -0.521227   -0.144327   -0.982858    0.770027
2       -1.636562    0.474021   -1.152821   -0.956124
3        0.056345    1.403141   -0.688134   -0.831586
```

np.random.randn(4,4)用于生成一个 4 行 4 列的矩阵，其中矩阵中的数字为随机数。index 用于指定 DataFrame 的列标，colunms 用于指定 DataFrame 的行标。

DataFrame 中每一行的数据可以是不同类型的，具体代码如下：

```
In[]:data=(['li',12,1.0],['wang',13,2.0],['zhang',12,4.0]) #生成名为 data 的数组
     h=pd.DataFrame(data,columns=["姓名","年龄","分数"])
     h                       #将 data 转换成 DataFrame 结构，并指定行索引名称
Out[]:     姓名      年龄      分数
     0      li       12      1.0
     1      wang     13      2.0
     2      zhang    12      4.9
     dtype: int64
```

在 Pandas 中使用 loc()函数可以返回指定行的数据，只需在括号中填写指定行的索引即可，上文介绍的切片操作也可以在此使用。

以上介绍了一些数据的生成和查看方法，但在实际应用中，常常需要导入已有的数据，而非手动生成数据。对于自动导入的数据，因其未经过检验，所以需要对导入的数据进行一些操作以确保数据的有效性，这些操作统称为数据清洗（Data Cleaning）。数据清洗是对数据进行检查、核

验等操作，其目的是为了找出数据文件中的错误信息，避免后续处理数据的操作产生错误。通常来说，数据中容易出现的问题包括存在空值、存在异常值、数据格式不符合规定等。

（1）空值处理

对数据的某些操作需要保证数据中不存在空值，如转换数据格式等操作。关于数据中空值的处理，可以使用 dropna()函数，下面将通过一个实例展示相关功能。首先导入所需的电影数据，导入数据的代码如下：

```
In[]:df = pd.read_excel(r"C:\Users\Lovetianyi\Desktop\python\作业 3\豆瓣电影数据.xlsx",index_col = 0)
    #以绝对路径读取所需数据，r 表示不需要转义
    #具体其他参数说明可以查看帮助文档
```

以常用的 Excel 表格为例，pd.read_excel()函数可以读取所需的 Excel 文件，文件的绝对路径需写在双引号内，使用相对路径时，读取的文件需要与 Python 文件放在同一文件夹下。

处理空值前，需要先找出数据中存在的空值，isnull()方法会返回一个 Boolean 值，从而判断数据哪些值为空值，具体代码如下，运行结果如图 7-1 所示。

```
In[]:df[df["名字"].isnull()][:10]      #显示前 10 条"名字"为空的记录
```

	名字	投票人数	类型	产地	上映时间	时长	年代	评分	首映地点
231	NaN	144.0	纪录片/音乐	韩国	2011-02-02 00:00:00	90	2011	9.7	美国
361	NaN	80.0	短片	其他	1905-05-17 00:00:00	4	1964	5.7	美国
369	NaN	5315.0	剧情	日本	2004-07-10 00:00:00	111	2004	7.5	日本
372	NaN	263.0	短片/音乐	英国	1998-06-30 00:00:00	34	1998	9.2	美国
374	NaN	47.0	短片	其他	1905-05-17 00:00:00	3	1964	6.7	美国
375	NaN	1193.0	短片/音乐	法国	1905-07-01 00:00:00	10	2010	7.7	美国
411	NaN	32.0	短片	其他	1905-05-17 00:00:00	3	1964	7.0	美国
432	NaN	1081.0	剧情/动作/惊悚/犯罪	美国	2016-02-26 00:00:00	115	2016	6.0	美国
441	NaN	213.0	恐怖	美国	2007-03-06 00:00:00	83	2007	3.2	美国
448	NaN	110.0	纪录片	荷兰	2002-04-19 00:00:00	48	2000	9.3	美国

图 7-1　展示结果

通过 isnull()函数找出数据中的空值后，可以使用 fillna()函数对这些空值进行赋值，例如将数据中所有的空值均填充为"未知电影"，相关代码如下：

```
In[]:df1 = df.fillna("未知电影")      #将 df 中所有的空值都填充为"未知电影"
```

对于空值数据，也可以使用删除缺失值函数 dropna()，直接删除存在缺失值的数据，但该函数可能会导致数据缺失，不建议使用。

（2）异常值处理

异常值的寻找需要对原始数据有一定的理解，如电影评分一栏中的数据只能为正数，诸如此类的要求可能是生活中约定俗成的习惯，也可能是书面的规定。对于所寻找到的异常值，通常可以采用删除或手动赋值等操作。

下面执行查找"投票人数"小于 0 的数据操作，代码如下，运行结果如图 7-2 所示。

```
In[]:df[df["投票人数"] < 0]      #显示投票人数小于 0 的数据记录
```

	名字	投票人数	类型	产地	上映时间	时长	年代	评分	首映地点
19777	皇家大贼 皇家大	-80.0	剧情/犯罪	中国香港	1985-05-31 00:00:00	60	1985	6.3	美国
19786	京都人的秘密欢愉	-80.0	纪录片	日本	2015-01-03 00:00:00	600	2015	9.3	日本
19797	女教徒	-118.0	剧情	法国	1966-05-06 00:00:00	135	1966	7.8	美国

图 7-2 查找异常值操作

（3）数据格式转换

数据格式的错误会在对数据进行批量操作时体现出来，如在执行计算操作时，如果要使某个整型数据+1，若该数据的数据类型为字符型，则计算操作无法进行，因此使数据具备正确的数据类型十分重要。

对于 DataFrame 结构，可以通过.dtypes 方法查看所有列的数据类型，也可以指定想要查询的列，通过["列名"].dtypes 查看指定列的数据类型，具体代码如下：

```
In[]:df.dtypes       #查看 df 表中各列的数据类型
Out[]:名字           object
      投票人数       float64
      类型           object
      产地           object
      上映时间       object
      时长           object
      年代           object
      评分           float64
      首映地点       object
      dtype:object
```

对于想要修改的列，使用函数.astype（ "数据类型" ），就可以修改为所需的数据类型，例如df["年代"].astype("int")，即将 "年代" 一栏的数据类型改为整型。

（4）数据透视

数据透视是源自于 Excel 表格中的功能，用于展示数据，从而找出其中不合理的数据，使用数据透视功能前，需要使用者对已有的数据有一定的了解，具体代码如下：

```
In[]:pd.pivot_table(df, index = ["年代"]) #统计各个年代中所有数值型数据的均值
```
（默认）
```
Out[]:   年代        投票人数        评分
         1888      388.000000    7.950000
         1890      51.000000     4.800000
         1892      176.000000    7.500000
         1894      112.666667    6.633333
         1895      959.875000    7.575000
```

1）指定多个索引生成透视表：可以指定多个索引展示多个栏目，具体代码如下：

```
In[]:pd.pivot_table(df, index = ["年代","产地","名字"])      #用三个索引列制表
Out[]:        年代       产地      名 字              投票人数    评分
              1888     英国      利兹大桥            126       7.2
              1921     英国      朗德海花园场景        650       8.7
```

1890	美国	恶作剧	51	4.8
1892	法国	可怜的比埃洛	17	6.0
1894	法国	更衣室之旁	148	7.0

2）处理指定的查询值生成透视表：指定查询值，并通过相关函数对指定值进行处理后再展示，具体代码如下。

```
In[]:pd.pivot_table(df, index = ["年代", "产地"], values = ["投票人数"],
aggfunc = np.sum)
#用"年代"、"产地"和"投票人数"三个栏目绘制透视表，并对"投票人数"进行求和操作
Out[]:        年代      产地      投票人数
              1888    英国      776
              1890    美国      51
              1892    法国      176
              1894    法国      148
              1911    美国      190
```

7.4　SciPy：科学化计算

SciPy（Science Python）是一个基于 NumPy 开发的科学计算库，提供了许多用于优化、统计和信号处理等操作的实用函数。

1. SciPy 中的常量

SciPy 更注重于科学计算的实现，因此在 SciPy 之中内置了许多科学常量。其中，常量又可以划分为许多单位，如公制单位、二进制单位、时间单位、长度单位。

通过以下代码可以实现 SciPy 中常量的输出：

```
In[]:from scipy import constants print(constants."常量名")
```

"常量名"处可以输入不同的内容，分别查看其对应的数值。

示例：查看 pi 的值，具体代码如下：

```
In[]:from scipy import constants     #导入 scipy 中的 constants 函数
     import numpy as np
     print(constants.pi)             #使用 constants 函数查看 pi 的值
Out[]: 3.141592653589793
```

2. SciPy 中的优化器

优化器可以看作一种优化或者升级机制，例如，找到某个方程的最小值，或者找到某个方程的指定根。以寻找方程的最小值为例，首先引入 SciPy 的最小化函数 minimize，定义想要查询的方程，使用语句 minimize("方程名", 0, method='BFGS')即可实现，其中 0 为所推测的最小值，具体代码如下：

```
In[]:from scipy.optimize import minimize    #导入函数 minimize
     def eqn(x):                             #定义函数 eqn 以及函数的返回值
       return x**2+x+2
```

```
            mymin=minimize(eqn,0,method='BFGS')         #使用 minimize 函数对 eqn 进行优化
            print(mymin)                                #输出结果
Out[]:fun: 1.75
     hess_inv: array([[0.50000001]])
          jac: array([0.])
      message: 'Optimization terminated successfully.'
         nfev: 8
          nit: 2
         njev: 4
       status: 0
      success: True
            x: array([-0.50000001])
```

3. 稀疏矩阵

稀疏矩阵（Sparse Matrix）是指绝大部分值为 0 的矩阵，与之相对的概念是稠密矩阵（Dense Matrix）。下面将生成一个稀疏矩阵作为例子，具体代码如下：

```
In[]:a=np.array([(1,0,0,0,0),(0,1,0,0,0),(0,0,1,0,0),(0,0,0,1,0),(0,0,0,0,1)])
     a          #生成并显示稀疏矩阵 a
Out[]:array([[1, 0, 0, 0, 0],
             [0, 1, 0, 0, 0],
             [0, 0, 1, 0, 0],
             [0, 0, 0, 1, 0],
             [0, 0, 0, 0, 1]])
```

常用的稀疏矩阵有以下两种，压缩稀疏列（Compressed Sparse Column，CSC），按列压缩；压缩稀疏行（Compressed Sparse Row，CSR），按行压缩。

分别用 CSC 和 CSR 处理同一个稀疏矩阵，具体代码分别如下：

```
In[]:a=np.array([(1,0,0,0,0),(0,1,0,0,0),(0,0,1,0,0),(0,0,0,1,0),(0,0,0,0,1)])
     print(csc_matrix(a))                #对稀疏矩阵 a 进行 CSC 处理
Out[]:(0, 0)    1
      (1, 1)    1
      (2, 2)    1
      (3, 3)    1
      (4, 4)    1
In[]:b=np.array([(1,0,0,0,0),(0,0,0,1,0),(0,0,1,0,0),(0,0,0,0,0),(0,0,0,0,1)])
                                         #生成并显示稀疏矩阵 b
from scipy.sparse import csr_matrix      #导入函数 matrix
print(csr_matrix(b))                     #对稀疏矩阵 b 进行 CSR 处理
Out[]: (0, 0)    1
       (1, 3)    1
       (2, 2)    1
       (4, 4)    1
```

通过比较可以看出，CSC 是按列查询非 0 数据，CSR 是按行查询非 0 数据。两种矩阵之间

可以相互转换，使用函数 csr.matrix().tocsc() 即可实现。

稀疏矩阵中常用 count_nonzero() 函数计算稀疏矩阵中非 0 数据的数量，用 eliminate_zeros() 函数消除稀疏矩阵中为 0 的数据。

4. SciPy 图结构

图是各种关系的节点和边的集合，节点是与对象对应的顶点，边是对象之间的连接。在 SciPy 中，图结构通常用稀疏矩阵来表示，矩阵中的元素表示了图中的边。SciPy 中的图结构可以用于解决各种问题，如最短路径、最小生成树、连通性和网络流等。SciPy 提供了 scipy.sparse.csgraph 模块来处理图结构。邻接矩阵在 SciPy 图结构中比较具有代表性。

邻接矩阵（Adjacency Matrix）：邻接矩阵是表示顶点之间相邻关系的矩阵。邻接矩阵的图形由三个部分组成：点、边、以及边上的权重（可以理解为两个点的连接强度）。点与点之间的关系所形成二维数组即为邻接矩阵。图 7-3 显示的是一个邻接矩阵的图形。

图 7-4 显示的是如图 7-3 所示图形的邻接矩阵。

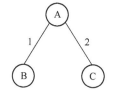

图 7-3　邻接矩阵的图形

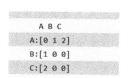

图 7-4　邻接矩阵

有了图结构之后，还需要一些函数用以进行与图形相关的运算，如计算点与点之间距离。其中，Dijkstra（迪杰斯特拉）最短路径算法最具有代表性。

Dijkstra 最短路径算法，用于计算一个节点到其他所有节点的最短路径。

使用方法：Dijkstra("矩阵名",return_predecessor=,indices=)，return_predecessor 用于设置是否遍历所有路径，设置为 True，则为是；indices 用于指定节点。

5. SciPy 与 MATLAB 数组

SciPy 可以与 MATLAB 数组进行交互，SciPy 的 scipy.io 库中含有许多处理 MATLAB 数组的函数。

（1）以 MATLAB 格式导出数据

可以使用函数 io.savemat("保存的文件名",do_compression=，{要保存的数组})，其中，do_compression 参数用于指定是否要压缩保存的文件，为 True 则为是，具体代码如下：

```
In[]:from scipy import io          #导入 io 库
     a=np.array([1,2,3,4])         #创建一个数组 a
     io.savemat('a.mat',{"abc":a}) #将 a 作为变量 abc 导出到 a.mat 文件中
```

（2）以 MATLAB 数组格式导入数据

与导出相对的便是导入，使用的函数为 io.loadmat("文件名")，为防止数组在输出时形状发生变化，可以设置 loadmat 函数中参数 suqeeze_me 的值为 True，具体代码如下。

```
In[]:from scipy import io          #导入 io 库
     a=np.array([1,2,3,4])         #创建一个数组 a
```

```
io.savemat('a.mat',{"abc":a})          #将 a 作为变量 abc 导出到 a.mat 文件中
b=io.loadmat('a.mat')                  #将 a.mat 的读取结果赋值给 b
print(b)                               #显示 b 的内容
Out[]:{'__header__': b'MATLAB 5.0 MAT-file Platform: nt, Created on: Tue Aug
16 09:10:17 2022', '__version__': '1.0', '__globals__': [], 'abc': array([[1, 2, 3, 4]])}
```

6. SciPy 插值

插值（Interpolation）是一种在给定点中生成其他点的方法，在机器学习中，常用于处理缺失的数据，具体代码如下：

```
In[]:from scipy.interpolate import interp1d     #导入 interp1d 函数
     d=np.arange(10)                            #创建一个数组 d
     f=2*d+1                                     #创建数组 f
     interp_func=interp1d(d,f)                   #声明插值函数的自变量和因变量
     newarr=interp_func(np.arange(2.1,3,0.1))    #数组 d 从 2.1 增加到 2.9，间隔 0.1
     print(newarr)
Out[]:[5.2 5.4 5.6 5.8 6.  6.2 6.4 6.6 6.8]
```

以上操作以一次函数 $y=2x+1$ 为例，interp1d 函数中分别填写自变量和因变量。interp_func(np.arange("给定点"))用于指定插值的给定点（可以是数组），该函数处理后的结果会以数组的形式返回，数组中的元素即为新增的插值点。

7.5 Matplotlib：数据可视化

Matplotlib 是 Python 的 2D 图形包，用于绘制各类图形并进行直观展示，使得 Python 更具可视性和交互性。Matplotlib 的输出格式包括了 PDF、Postscript、SVG、PNG，同时 Matplotlib 也可直接用于屏幕展示。

在绘制图形时，往往需要使用一些中文汉字对图像进行说明，因此需要在程序中输入以下代码避免出现中文乱码：

```
In[]:import matplotlib.pyplot as plt               #导入 matplotlib.pyplot 包
     plt.rcParams["font.sans-serif"]=["SimHei"]    #设置系统字体为黑体
     plt.rcParams["axes.unicode_minus"]=False      #设置正常显示符号
```

下面将介绍几种常用图形的具体生成方法。

1. 折线图（Line Chart）

折线图又称曲线图，是利用曲线的升、降变化来表示被研究现象发展趋势的一种图形，在分析研究社会经济现象的发展变化、依存关系等方面具有重要作用。绘制折线图时，如果是某一现象的时间指标，应将时间绘制于坐标的横轴上，指标绘制于坐标的纵轴上。如果是两个现象依存关系的显示，可以将表示原因的指标绘在横轴上，表示结果的指标绘在纵轴上，同时还应注意整个图形的长宽比例。

（1）使用 plt.plot()函数生成折线图

使用 plt.plot()函数生成折线图时，可以用 xlabel 对 x 轴进行标注，用 ylabel 对 y 轴进行标

注，title 用于指定图像标题，text 用于在指定位置放入文字，具体代码如下，生成的折线图如图 7-5 所示。

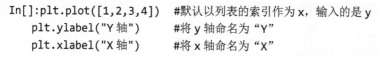

```
In[]:plt.plot([1,2,3,4])    #默认以列表的索引作为 x，输入的是 y
    plt.ylabel("Y 轴")       #将 y 轴命名为 "Y"
    plt.xlabel("X 轴")       #将 x 轴命名为 "X"
```

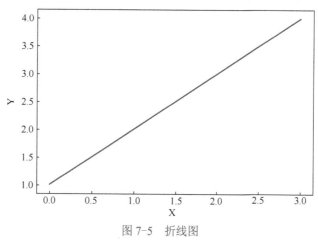

图 7-5　折线图

也可以向 plot()函数中传入列表，但通常来说，传入 NumPy 数组是更常用的做法，如果传入列表，Matplotlib 也会自动将其转化为数组。

对于折线图而言，线条的样式是可以进行改变的，改变线条样式的常用方法有以下三种。

1）直接通过关键字修改：如用 color 修改线条颜色，linewidth 改变线条宽度，具体代码如下，运行结果如图 7-6 所示。

```
In[]:plt.plot([1,2,3,4],color="black",linewidth=22)    #设置线条的颜色为黑色，
                                                          宽度为 22
    plt.ylabel("Y")                                     #将 y 轴命名为 "Y"
    plt.xlabel("X")                                     #将 x 轴命名为 "X"
```

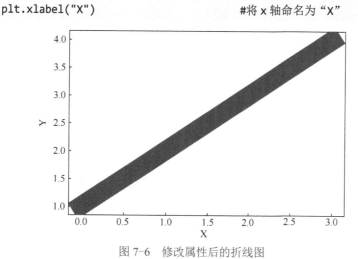

图 7-6　修改属性后的折线图

2）通过 plt.plot()函数的返回值设置线条属性：plot()函数会返回一个 Line2D 对象组成的列表，将该返回值赋值给定义的对象 line，即 line=plt.plot(x,y)，然后通过对象 line 设置线条的属性，具体代码如下，运行结果如图 7-7 所示。

```
In[]:x = np.linspace(-np.pi,np.pi)              #设置 x 的范围
     y = np.sin(x)                              #设置 y 的范围
     plt.plot(x,y,linewidth = 4.0,color = 'r')   #设置折线的颜色为红色，宽度为 4
     line1,line2 = plt.plot(x,y,"r-",x,y+1,"black") #声明 line1，line2 两个对象
     line1.set_antialiased(False)               #设置 line1 的属性为抗锯齿
     plt.show()
```

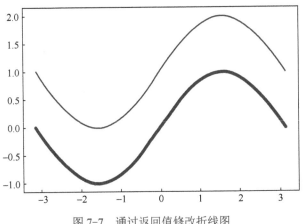

图 7-7　通过返回值修改折线图

3）通过 plt.setp()设置线条属性，具体代码如下，运行结果如图 7-8 所示。

```
In[]:x=np.arange(-1,4)                           #设置 x 的范围
     y=x*x                                       #设置 y 的范围
     line1=plt.plot(x,y)                          #将图形赋值给 line1
     plt.setp(line1,"color","black","linewidth",23) #通过 setp 设置线条颜色和线条宽度
     plt.show()
```

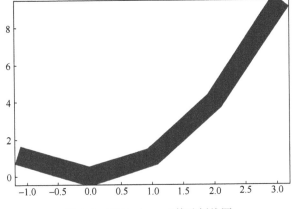

图 7-8　通过 plt.setp()修改折线图

（2）使用 figure()函数生成带有子图的折线图

在折线图中，有时一张图并不能够显示所需的信息，此时需要通过额外生成一个子图更为全面地展示所需信息。生成子图的函数为 figure()，figure()函数会产生一个指定编号为 num 的图：plt.figure(num)。通常情况下更偏向于用 figure()函数指定图形的大小，如 plt.figure(figsize=())，具体代码如下：

```
In[]:plt.figure(figsize=(12,7))              #设置图形大小
Out[]:<Figure size 864x504 with 0 Axes>
      <Figure size 864x504 with 0 Axes>
```

（3）使用 subplot()函数生成多个子图

使用 subplot()函数生成多个子图的具体形式为 plt.subplot (numrows, numcols, fignum)，numrows 表示图像所占的行数，numcols 表示图像所占的列数，fignum 表示图像所在的位置。当 numrows×numcols<10 的时候，中间的逗号可以省略，因此 plt.subplot (211)就相当于 plt.subplot(2,1,1)。

2．柱状图（Bar Chart）

柱状图是一种以长方形的长度为变量的统计图表，常用来比较多个事物之间的差距，适用于数据量较小的情况。

plot.bar()用于生成水平柱状图，plot.barh()用于生成垂直柱状图，具体代码如下，运行结果如图 7-9 所示。

```
In[]:plt.figure(figsize=(12,10))                  #设置图形的大小
     fig,axes=plt.subplots(2,1)                    #设置两个子图 fig 和 axes
     data=pd.Series(np.random.rand(16),index=list('abcdefghijklmnop'))
                                                    #设置数据范围以及索引值
     data.plot.bar(ax=axes[0],color='k')           #设置水平柱状图的属性
     data.plot.barh(ax=axes[1],color='k')          #设置垂直柱状图的属性
```

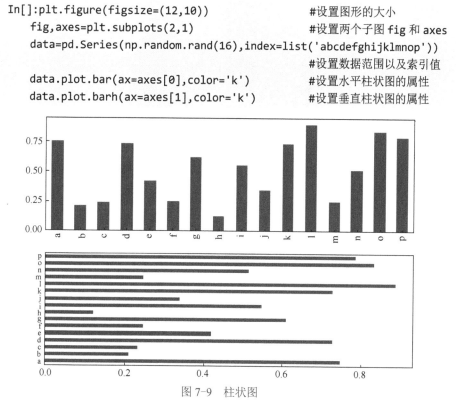

图 7-9　柱状图

3．饼图（Pie Graph）

饼图常用表示各项的大小以及它们所占的比例。通常使用 plt.ple()函数生成饼图，具体代码如下，运行结果如图 7-10 所示。

```
In[]:y = data.values
      y = y/sum(y)                              #归一化，不进行的话系统会自动进行
      plt.figure(figsize = (7,7))               #设置图形大小
      plt.title("电影时长占比",fontsize = 15)      #设置图形标题和字体大小
      patches,l_text,p_text = plt.pie(y, labels = data.index, autopct = "%.1f
%%", colors = "bygr", startangle = 90)          #设置图形具体参数
      for i in p_text:                          #通过返回值设置饼图内部字体
          i.set_size(15)
          i.set_color('w')
      for i in l_text:                          #通过返回值设置饼图外部字体
          i.set_size(15)
          i.set_color('r')
      plt.legend()                              #图例
      plt.show()
```

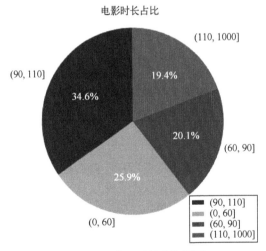

图 7-10　电影时长占比饼图

在实际操作中还需要设置相应的参数改变图形，函数 plt.pie()中几个常用的参数如下。

● radius：用于控制饼图的半径。

● startangle：用于设计饼图绘制的起始角度，默认从 x 轴正方向逆时针开始。

● labels：用于设置饼图中每一部分所显示的说明文字。

● labeldistance：用于改变 Label 的绘制位置。

4．直方图（Histogram）

直方图又称质量分布图，是一种统计报告图，由一系列高度不等的纵向条纹或线段表示数据分布的情况，一般用横轴表示数据类型，纵轴表示分布情况。直方图是数值数据分布的精确图形

表示。这是一个连续变量（定量变量）的概率分布的估计，并且被卡尔·皮尔逊（Karl Pearson）首先引入。为了构建直方图，第一步是将值的范围分段，即将整个值的范围分成一系列间隔，然后计算每个间隔中有多少值，这些值通常被指定为连续的、不重叠的变量间隔。间隔必须相邻，并且通常是相等的大小。

直方图也可以被归一化以显示"相对频率"，并显示属于几个类别中每个案例的比例，设置高度为 1。通常使用 plt.hist()函数生成直方图，具体代码如下，运行结果如图 7-11 所示。

```
In[]:plt.figure(figsize = (10,6))          #设置图形大小
      plt.hist(df["评分"], bins = 20, edgecolor = 'k',alpha = 0.5)
                                            #设置直方图边框颜色和透明度
      plt.show()
```

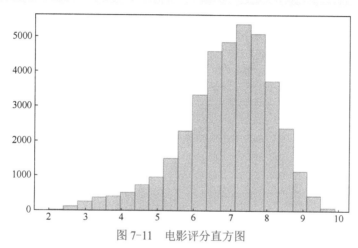

图 7-11　电影评分直方图

在实际的操作中还需要设置相应的参数改变图形，函数 plt.hist()中常用的参数如下。
- arr：用于指定所需的数组。
- alpha：用于指定直方图的透明度。
- histtype：用于指定直方图的类型，'bar'是传统的条形直方图；'barstacked'是堆叠的条形直方图；'step'是未填充的条形直方图，只有外边框；'stepfilled'是有填充的直方图。当 histtype 取值为'step'或'stepfilled'，rwidth 将被设置为失效状态，即不能指定柱子之间的间隔，默认将把柱子连接在一起。
- bins：用于指定直方图中柱子的数量。
- facecolor：用于指定直方图的颜色。
- edgecolor：用于指定直方图边框的颜色。

5．双轴图（**Dual-Axis Graph**）

双轴图是指有多个（两个以上）Y 轴的数据图表，多为柱状图+折线图的结合，图表显示更为直观。除了适合分析两个相差较大的数据，双轴图也适用于不同数据走势、数据同环比分析等场景。

要绘制双轴图，首先需要获取正态分布密度函数，通过 from scipy.stats import norm，即可获

取所需的函数。

双轴图的特点之一便是将两种不同的图形置于同一个界面中。绘制双轴图的具体代码如下，运行结果如图 7-12 所示。

```
In[]:from scipy.stats import norm                    #获取正态分布密度函数
fig = plt.figure(figsize = (10,8))                   #设置图形大小
    ax1 = fig.add_subplot(111)                       #确认子图
    n,bins,patches = ax1.hist(df["评分"],bins = 100, color = 'm') #bins 默
认是10
    ax1.set_ylabel("电影数量",fontsize = 15)          #设置数轴一的 y 轴标签
    ax1.set_xlabel("评分",fontsize = 15)              #设置数轴一的 x 轴标签
    ax1.set_title("频率分布图",fontsize = 20)         #设置图形标题
    #准备拟合
    y = norm.pdf(bins,df["评分"].mean(),df["评分"].std()) #bins,mu,sigma
    ax2 = ax1.twinx()                                #声明数轴二
    ax2.plot(bins,y,"b--")
    ax2.set_ylabel("概率分布",fontsize = 15)          #设置数轴二的 y 轴标签
    plt.show()
```

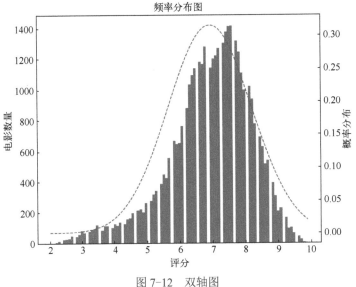

图 7-12　双轴图

6．散点图（Scatter Graph）

散点图由许多散乱的数据点组成，这些数据点在直角坐标系平面上随机分布，表示数据分布的某种散点图，表示因变量随自变量而变化的大致趋势，据此可以选择合适的函数对数据点进行拟合。用两组数据构成多个坐标点，考察坐标点的分布，判断两变量之间是否存在某种关联或总结坐标点的分布模式。

为了避免数据冗杂，可以限制散点图中所使用的数据量。通常使用 plt.scatter()函数生成散点图，具体代码如下，运行结果如图 7-13 所示。

```
In[]:x = df["时长"][::100]                    #设置取值的间隔为100
      y = df["评分"][::100]
      plt.figure(figsize = (10,6))
      plt.scatter(x,y,color = 'c',marker = 'p',label = "评分")
                                              #设置散点图的颜色、标签、散点的形状
      plt.legend()                            #设置图例
      plt.title("电影时长与评分散点图",fontsize = 20)  #设置图形标题，字体大小
      plt.xlabel("时长",fontsize = 18)         #设置图形的 x 轴及字体大小
      plt.ylabel("评分",fontsize = 18)         #设置图形的 y 轴及字体大小
      plt.show()
```

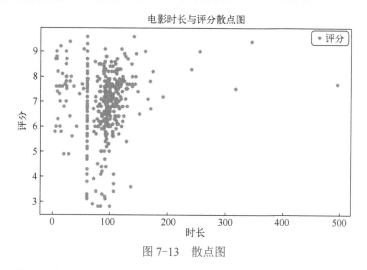

图 7-13　散点图

　　plt.legend()函数用于向图中添加图例。plt.scatter()函数中的 marker 参数用于设置改变"点"的形状。

7.6　实践案例：使用 Python 预处理旅游路线数据

　　下面将使用 Python 具体处理旅游线路数据，以便读者深入了解所学的知识。首先需要导入已经获取的旅游数据信息，具体代码如下。

```
In[]:import pandas as pd
      data = pd.read_csv(r'C:\Users\10518\数据处理 anna\Travel.csv',encoding= 'gbk')
                       #导入数据并设置编码格式为 gbk
      data             #显示数据
Out[]:地点    出发时间       天数     人均费用      人物
0     西安    /2020/08/12   6      2400       亲子
1     开封    /2021/02/27   1      400        家庭
2     三亚    /2021/01/31   4      2600       三五好友
3     延吉    /2020/12/25   2      500        独自一人
4     漳州    /2021/02/19   6      1200       三五好友
...
```

下面将展示各列的数据类型，具体代码如下，可以看出天数、出发时间的数据类型为 object 类型。接下来要将天数改为 int 类型，将出发时间改为 Date 类型。

```
In[]:data.dtypes        #查看数据表中各栏目的数据类型
Out[]:地点              object
      出发时间          object
      天数              object
      人均费用          int64
      人物              object
      dtype:          object
```

首先进行将天数改为 int 类型的操作，具体代码如下：

```
In[]:data["天数"] = data["天数"].astype("int")    #将"天数"栏目数据类型改为 int 型
Out[]:ValueError Traceback (most recent call last)
Input In [66], in <cell line: 1>()----> 1 data["天数"] = data["天数"].
astype("int")
      File~\anaconda3\lib\site-packages\pandas\core\generic.py:5912,in
NDFrame.astype(self, dtype, copy, errors)
      File~\anaconda3\lib\site-packages\pandas\core\dtypes\cast.py:
1154,inastype_nansafe(arr,dtype,copy,skipna)1150elif
is_object_dtype(arr.dtype):11511152#workaroundNumPybrokenness,#19871153if
np.issubdtype(dtype.type, np.integer):-> 1154 return lib.astype_intsafe(arr, dtype)
1156# if we have a datetime/timedelta array of objects1157# then coerce to a proper
dtype and recall astype_nansafe 1159 elif is_datetime64_dtype(dtype):
      File~\anaconda3\lib\site-packages\pandas\_libs\lib.pyx:668,in
pandas._libs.lib.astype_intsafe()
      ValueError: invalid literal for int() with base 10: '99+'
```

从 ValueError 显示信息可以看出，更改数据类型操作的失败原因是因为"天数"一栏中存在值为"99+"的数据，查看"天数"为"99+"的数据，具体代码如下：

```
In[]:data[data["天数"] == "99+"]           #查看"天数"为"99+"的数据
Out[]:      地点      出发时间        天数      人均费用      人物
      936    香格里拉   /2018/08/13    99+      200        独自一人
      1109   广州      /2018/10/22    99+      50         三五好友
      1209   深圳      /2017/07/31    99+      2000       独自一人
```

分别对第 936、1109、1209 条信息的天数进行赋值操作，具体代码如下：

```
In[]:data.loc[[936],"天数"]=6              #更改"天数"为6
      data.loc[[1109],"天数"]=7
      data.loc[[1209],"天数"]=8
      data.loc[[936,1109,1209]]            #查看第 936、1109 和 1209 条数据
Out[]:      地点      出发时间        天数      人均费用      人物
      937    香格里拉   /2018/08/13    6        200        独自一人
      1109   广州      /2018/10/22    7        50         三五好友
      1209   深圳      /2017/07/31    8        2000       独自一人
```

再次执行数据转换操作，代码如下：

```
In[]:data["天数"] = data["天数"].astype("int")  #将"天数"栏目的数据类型改为 int 型
     data.dtypes                            #查看 data 中各栏目的数据类型
Out[]: 地点           object
       出发时间        object
       天数          int32
       人均费用        int64
       人物          object
       dtype:      object
```

"出发时间"的转换操作的相关代码和结果如下：

```
In[]:pd.to_datetime(data['出发时间'])
     data["出发时间"] = data["出发时间"].astype("datetime64[ns]")
         #更改"出发时间"的数据类型
     data.dtypes
Out[]: 地点           object
       出发时间        datetime64[ns]
       天数          int32
       人均费用        int64
       人物          object
       dtype:      object
```

通过 data.to_excel（"文件名"）方法可将处理后的数据以 Excel 表格的形式保存起来，也可以修改代码将数据保存为其他格式的数据，如 to_csv()可将数据保存为 CSV 文件。经以上操作后，数据中的大部分异常值已经得到了处理，接下来将以图像的形式展现部分数据，以便于更直观地理解数据背后的信息。

1．绘制热门城市旅游文章数量柱状图

首先，先展示所有城市及其旅游文章数量，因只考虑热门城市，所以只显示排名前五的五条数据，具体代码如下：

```
In[]:df = data["地点"].value_counts()    #将"地点"栏目的数据数量赋值给 df
     df=df.head(5)                      #选取 df 的前五条数据
     df
Out[]: 成都      113
       重庆      60
       三亚      49
       厦门      52
       西安      38
       Name：地点, dtype:int64
```

接下来将以上内容以图像的形式表现出来，具体代码如下，所绘图像如图 7-14 所示。

```
In[]:import matplotlib.pyplot as plt
     x = df.index
     y = df.values
```

```
plt.rcParams["font.sans-serif"] = ["SimHei"]          #避免中文乱码
plt.rcParams["axes.unicode_minus"] = False            #设置符号正常显示
plt.figure(figsize = (10,6))                          #设置图片大小
plt.bar(x,y,color = "g")    #绘制柱状图，表格给出数据的原样，不会自动排序
plt.title("最热门的五大旅游城市", fontsize = 20)        #设置标题
plt.xlabel("地点",fontsize = 18)
plt.ylabel("旅游文章数量")                              #对横、纵轴进行说明
plt.tick_params(labelsize = 14)                       #设置标签字体大小
plt.xticks(rotation = 90)                             #标签旋转 90 度
for a,b in zip(x,y):                                  #数字直接显示在柱子上（添加文本）
        plt.text(a,b+10,b,ha = "center",va = "bottom",fontsize = 10)
        #a:x 的位置，b:y 的位置，加上 10 是为了展示位置高一些不重合，第二个 b：显示
        的文本的内容，ha，va：格式设定，center 居中，top&bottom 在上或者在下，
fontsize：字体指定
plt.show()
```

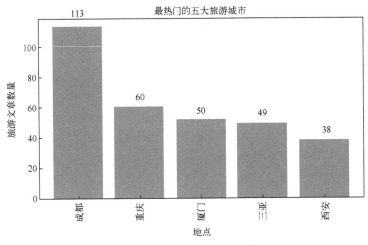

图 7-14　热门旅游城市柱状图

2．根据旅游结伴人数绘制饼图

结伴人数也是旅游数据中的重要部分，通过结伴人数可以反映出当代年轻人社交关系的概貌。下面将绘制结伴人数的饼图，具体代码如下，绘制图像如图 7-15 所示。

```
In[]:y = df1.values
     y = y/sum(y)                                    #归一化，系统也会自动进行
     plt.figure(figsize = (7,7))
     plt.title("结伴人数占比",fontsize = 15)#设置图形标题
     patches,l_text,p_text = plt.pie(y, labels = df1.index, autopct = "%.1f
%%", colors = "bygr", startangle = 90)
                                                     #设置图形的标签、索引、占比以及角度
     for i in p_text:                                #通过返回值设置饼图内部字体
             i.set_size(15)
             i.set_color('w')
     for i in l_text:                                #通过返回值设置饼图外部字体
```

```
      i.set_size(15)
      i.set_color('r')
plt.legend()                        #图例
plt.show()
```

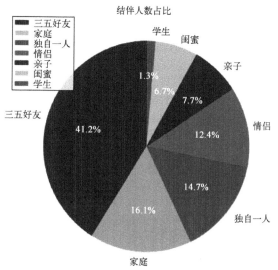

图 7-15　结伴人数占比饼状图

3. 绘制人均费用直方图

利用直方图可以直观显示游客在旅游过程中的人均费用情况，具体代码如下，绘制图像如图 7-16 所示。

```
In[]:plt.figure(figsize = (10,6))            #设置图形大小
     plt.hist(data["人均费用"], bins = 20, edgecolor = 'k',alpha = 0.5)
                                             #设置直方图边框颜色和透明度
     plt.show()
```

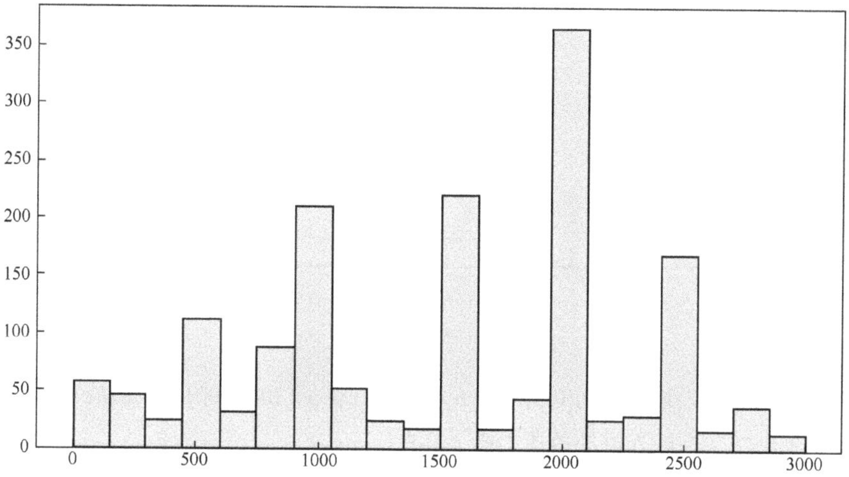

图 7-16　人均费用直方图

4．绘制频率直方图

频率直方图（Frequency Histogram）亦称频率分布直方图，通常用于表示频率的分布。下面将绘制人均费用和旅游天数的频率分布直方图，具体代码如下，绘制图像如图7-17所示。

```
In[]:from scipy.stats import norm                    #获取正态分布密度函数
     fig = plt.figure(figsize = (10,8))
     ax1 = fig.add_subplot(111)                      #确认子图
     n,bins,patches = ax1.hist(data["天数"],bins = 100, color = 'm') #bins 默认是10

     ax1.set_ylabel("人均费用",fontsize = 15)          #设置轴一的 y 轴属性
     ax1.set_xlabel("天数",fontsize = 15)             #设置轴一的 x 轴属性
     ax1.set_title("频率分布图",fontsize = 20)         #设置图形标题
     #准备拟合
     y = norm.pdf(bins,data["天数"].mean(),data["天数"].std()) #bins,mu,sigma
     ax2 = ax1.twinx()                               #声明双轴
     ax2.plot(bins,y,"b--")
     ax2.set_ylabel("概率分布",fontsize = 15)          #设置轴二的 y 轴属性
     plt.show()
```

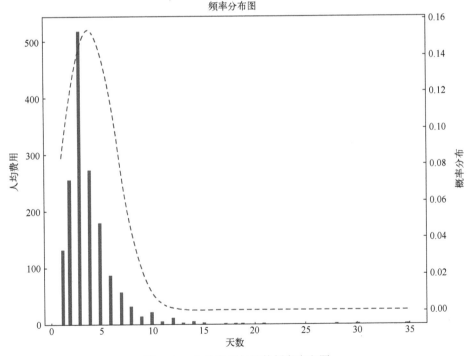

图 7-17　人均费用与天数频率直方图

由此可以看出旅游天数在区间[0,5]，且人均费用在区间[300, 500]的数据最多。

旅游路线数据预处理的关键环节在于以下几点。

1）Pandas 模块中对数据分析方法的使用，例如如何对数据进行清洗、异常值是如何判断出

来的、如何把异常值做一些转化处理、对于不恰当的数据类型应该如何更改等。

2）Matplotlib 中绘图工具的合理应用，例如如何用不同的图形显示不同的数据、如何使用合适的图形将所需的内容清楚的展示出来、如何修改图形的相关参数使得图形更加直观简明等。

习题

1．简述使用 Python 进行数据处理的好处。

2．Python 数据处理中常用的函数库有哪些，并分别简要说明这些函数库在数据处理时的作用。

3．在 NumPy 中生成数组的方式有哪些？

4．简述 Series 和 DataFrame 的区别。

第8章 使用 ETL 工具 Kettle 进行数据预处理

ETL 是 Extract-Transform-Load 的缩写，即数据抽取、转换、装载的过程。常用的 ETL 工具有很多，如 Sqoop、DataX、Kettle、Talent 等，本章将介绍 ETL 使用 Kettle 进行数据预处理。通过对本章节的学习，读者可以了解 Kettle 的基本概念，熟悉 Kettle 的安装与配置，掌握 Kettle 的基本使用。

8.1 Kettle 概述

Kettle 是一款开源的 ETL 工具。2006 年，Pentaho 公司收购了 Kettle 项目，原 Kettle 项目发起人 Matt Casters 加入了 Pentaho 团队，成为 Pentaho 套件数据集成架构师，从此，Kettle 成为企业级数据集成及商业智能套件 Pentaho 的主要组成部分，Kettle 亦重命名为 Pentaho Data Integration。Pentaho Data Integration 分为商业版与开源版。在中国，一般人仍习惯把 Pentaho Data Integration 的开源版称为 Kettle。

Kettle 由 Java 语言编写，支持跨平台运行，主要特点如下。

1) 支持 100%无编码、以拖拽方式开发 ETL 数据管道。

2) 可对接包括传统数据库、文件、大数据平台、接口、流数据等数据源。

3) 支持 ETL 数据管道加入机器学习算法。

8.2 Kettle 的安装与配置

由于 Kettle 是通过 Java 语言编写的，所以 Kettle 的运行需要有 Java 环境。在安装 Kettle 之前需要先安装 JDK，如果没有安装 JDK，在启动的时候就会提示没有 Java 环境，导致 Kettle 不能打开。

在 Kettle 官网下载安装包，将其解压之后即可使用。本章使用的是 Kettle8.2 版本。

在 Kettle 中使用最多的是 Spoon 组件。Spoon 组件是一个图形化界面，可以通过图形化的方式使用转换和作业功能。Windows 用户选择 Spoon.bat，Linux 用户选择 Spoon.sh。

在使用 Kettle 的 Spoon 组件之前还需要添加一个环境变量，变量名为 PENTAHO_JAVA_HOME，变量值为 C:\Program Files\Java\jre1.8.0_341。值得注意的是变量值是安装 JDK 时 jre 文件的安装路径，此变量值仅供参考。系统变量如图 8-1 所示。

自此，Kettle 的环境配置已全部完成，双击 Spoon.bat 即可成功运行软件。若双击 Spoon.bat 遇到如图 8-2 的情况，可以按照以下方法进行排查。

1) 检查 JDK 和系统变量是否配置正确，Win+R 键输入 cmd，再分别输入 java、javac、java-version 三个命令，这三个命令必须都能执行。

图 8-1　Kettle 环境配置系统变量

2）JDK 版本太高可能不兼容，可以使用 JDK1.8 版本。

3）增加系统变量 kettle_home，变量值为 Kettle 安装路径。

图 8-2　运行错误提示

8.3　Kettle 的基本使用

　　Kettle 中有两种脚本文件，分别是 Transformation 和 Job，Transformation 完成数据的基础转换，Job 则完成整个工作流的控制。Kettle 还可以连接数据库中的数据，如何连接将会在后面讲解。本节将带领大家熟悉 Kettle 的使用界面，学会新建转换与任务，通过转换进行数据的获取，熟悉数据清洗与转换，掌握数据迁移和装载。

8.3.1　Kettle 的使用界面

　　Kettle 具有 4 个核心组件，分别是 Spoon、Pan、Kitchen 和 Carte（如图 8-3 所示），Spoon 是其中最重要的组件，也是今后学习的重点。

- 勺子（Spoon.bat/spoon.sh）：一个图形化的界面，可以用图形化的方式开发转换和作业。
  Windows 选择 Spoon.bat；Linux 选择 Spoon.sh。
- 煎锅（Pan.bat/pan.sh）：利用 Pan 可以用命令行的形式执行由 Spoon 编辑的转换和作业。
- 厨房（Kitchen.bat/kitchen.sh）：利用 Kitchen 可以使用命令行调用由 Spoon 编辑好的 Job。

● 菜单（Carte.bat/Carte.sh）：Carte 是一个轻量级的 Web 容器，用于建立专用、远程的 ETL Server。

图 8-3　Kettle 核心组件

双击 data-integration 文件夹中的 Spoon.bat 文件即可进入 Spoon 图形化界面，如图 8-4 所示。

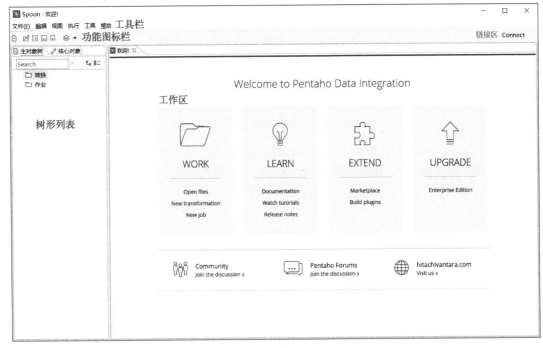

图 8-4　Spoon 图形化界面

8.3.2　新建转换与任务

转换（Transformation）负责数据的输入、转换、校验和输出等工作。转换由多个步骤（Step）组成，如文本文件输入、过滤输出行、执行 SQL 脚本等。各个步骤使用跳（Hop）来链接。跳定义了一个数据流通道，即数据由一个步骤流向下一个步骤。在 Kettle 中数据的最小单位是数据行（row），数据流中流动的其实是缓存的行集（RowSet）。

作业（Job）负责定义一个完成整个工作流的控制，比如将转换的结果发送邮件给相关人员。因为转换（Transformation）以并行方式执行，所以必须存在一个串行的调度工具来执行转换，这就是 Kettle 中的作业。

转换和作业的区别有：

● 作业是步骤流，转换是数据流。

● 作业的每一个步骤，必须等前面的步骤都执行完了，后面的步骤才会执行。而转换会一次性把所有控件全部启动，然后数据会从第一个控件开始，一条记录一条记录地流向最后一个控件。

图 8-5 显示的是新建转换与作业界面，单击工具栏的文件，再单击新建，就可以创建转换了。

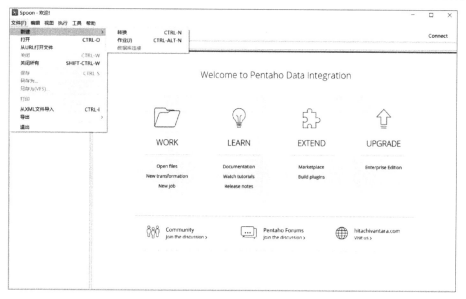

图 8-5 新建转换与作业界面

单击转换，就创建好了一个转换任务。在使用 Kettle 进行数据转换的时候难免会用到数据库的数据，这时就需要用 Kettle 连接数据库。在连接之前需要先下载 MySQL 对应版本的驱动，并放在 data-integration\lib 目录下，如图 8-6 所示。

图 8-6 数据库驱动

使用 Kettle 连接数据库前需要先打开 MySQL 数据库，然后在 Spoon 图形化界面中右击 DB 连接，单击新建，界面如图 8-7 所示。

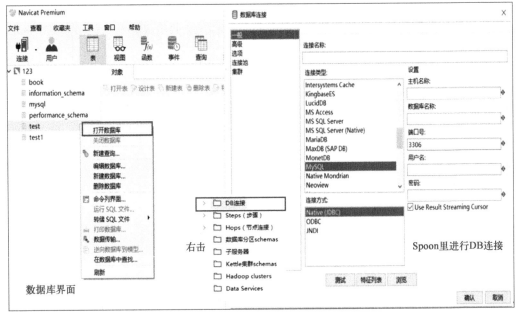

图 8-7　新建数据库连接

连接类型选择 MySQL，连接方式选择 Native（JDBC），其余信息根据具体数据库信息填写。数据库连接参数配置如图 8-8 所示。

图 8-8　数据库连接参数配置

参数填写完毕，单击测试按钮，若提示如图 8-9 所示，则数据库连接成功，否则就是驱动版本不对应。注意：数据库驱动与 MySQL 数据库只需要大版本对应即可。

图 8-9 数据库连接成功

新建转换任务如图 8-10 所示，常用的控件有输入控件、输出控件、转换控件、应用控件、流程控件、查询控件、连接控件、统计控件、应用控件和脚本控件。

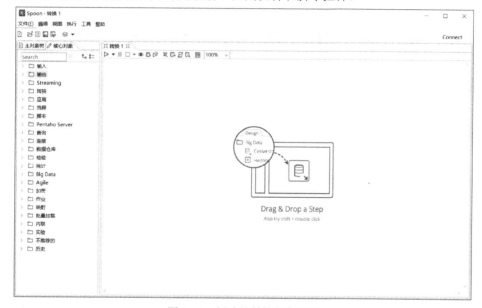

图 8-10 新建的转换任务界面

8.3.3 数据获取

在输入控件中常用的有 CSV 文件输入、Excel 输入、JSON 输入、文本文件输入、表输入、XML 输入。输出控件中常用的有 Excel 输出、文本文件输出、表输出、SQL 文件输出、删除、更新、插入/更新。

Kettle 可以让一种类型的数据转化为另一种类型的数据，从而实现不同类型数据的获取。下面介绍几个常用的文件输入。

1. CSV 文件输入

CSV 文件是一个用逗号分隔的固定格式的文本文件，这种文件后缀名为.csv，可以用 Excel 或者文本编辑器打开。在企业里面一般最常见的 ETL 需求就是将 CSV 文件转换为 Excel 文件。

CSV 文件输入示例如图 8-11 所示，步骤名称可以自己定义，也可以使用默认的名称。文件名选择输入的 CSV 文件，CSV 文件的列分隔符默认是逗号。封闭符的作用是结束行数据的读写，如果文件第一行不是字段名称或者需要从某行开始读写，可在行号字段输入行号。并发运行可以提高读取的速度。单击"获取字段"按钮即可出现图中表格里的内容，单击"预览"可以看到文件的内容。

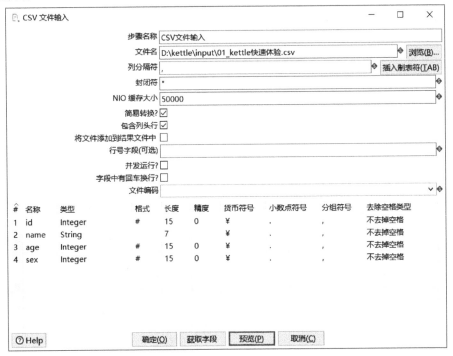

图 8-11　CSV 文件输入

2．文本文件输入

提取服务器上的日志信息是公司里 ETL 开发很常见的操作，日志信息基本上都是文本类型，因此文本文件输入控件是 Kettle 中常用的一个输入控件。使用文本文件输入控件步骤如下。

1）添加需要转换的日志文件。

2）按照日志文件格式，指定分隔符。

3）获取字段，并给字段设置合适的格式。

4）单击"预览记录"，看能否读到数据。

控件界面如图 8-12 与图 8-13 所示。

3．Excel 输入

Excel 输入控件也是很常用的输入控件，一般企业里会用此控件对大量的 Excel 文件进行 ETL 操作。使用 Excel 输入控件步骤如下。

1）按照读取的源文件格式指定对应的表格类型为 xls 还是 xlsx。

2）选择并添加对应的 Excel 文件。

3）获取 Excel 的 sheet 工作表。

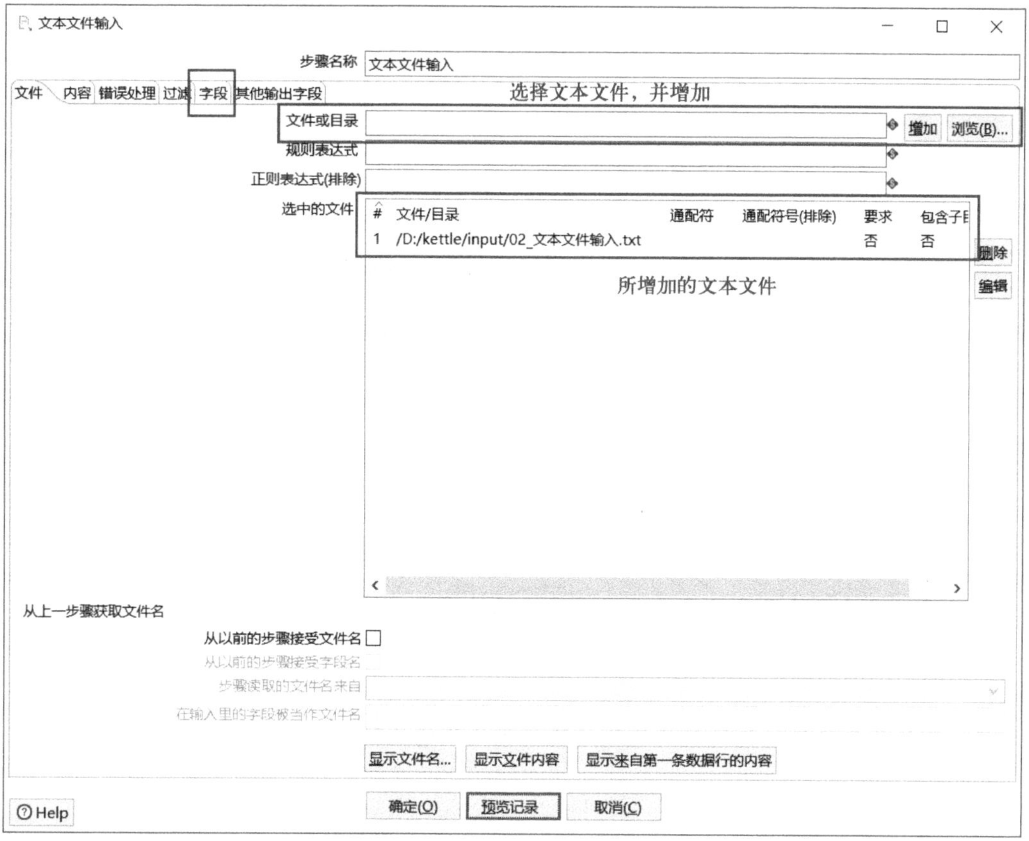

图 8-12 文本文件输入（1）

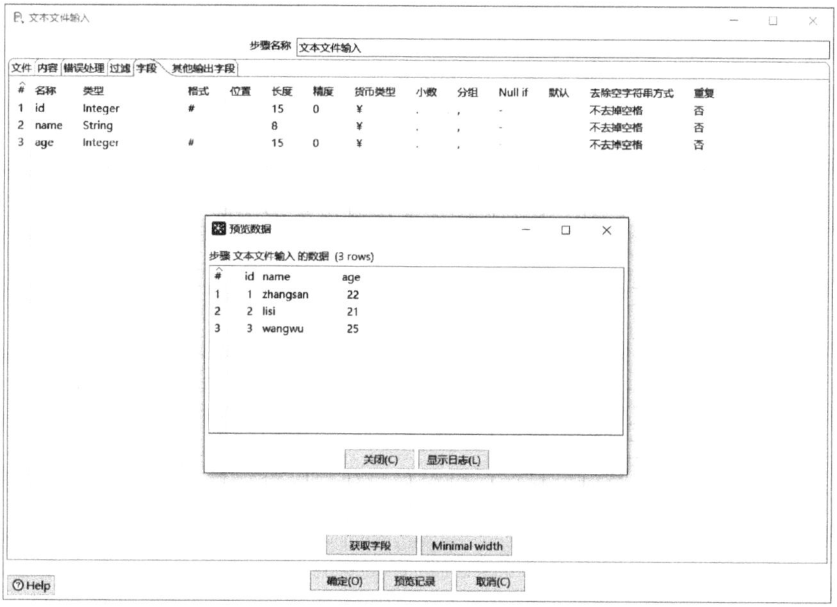

图 8-13 文本文件输入（2）

4）获取字段，并给每个字段设置合适的格式。

5）预览数据。

Excel 输入界面如图 8-14、图 8-15、图 8-16 所示。

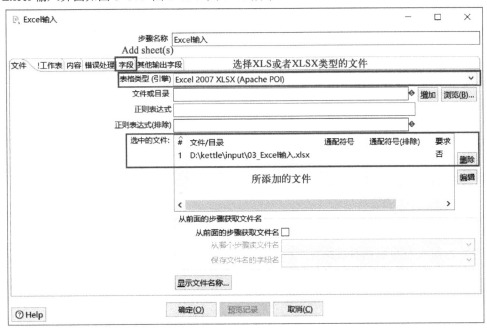

图 8-14 Excel 输入（1）

图 8-15 Excel 输入（2）

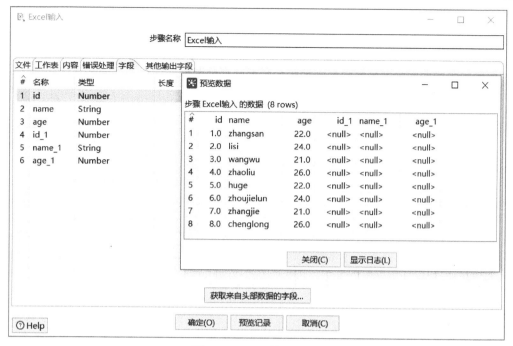

图 8-16 Excel 输入（3）

4．表输入

表输入是 Kettle 中用到最多的一种输入控件，因为企业中大部分的数据都会存在数据库中。Kettle 可以连接常见的各种数据库，比如 Oracle、MySQL、SQLServer 等。这里使用 MySQL 数据库。表输入界面如图 8-17 所示。数据库连接选择所连接到的数据库，获取 SQL 查询语句可以帮助选择数据库中的表，也可以自己编写 SQL 语句。

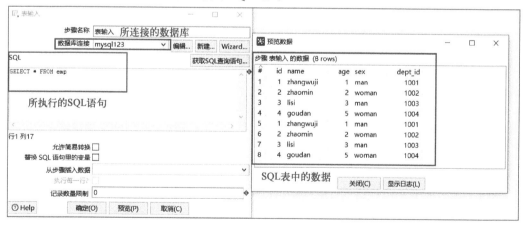

图 8-17 表输入

5．Excel 输出

Kettle 中自带了两个 Excel 输出，一个 Excel 输出，另一个是 Microsoft Excel 输出。

Excel 输出只能输出 xls 文件（适合 Excel 2003 版），Microsoft Excel 输出可以输出 xls 和 xlsx 文件（适合 Excel 2007 版及以后版本）。

图 8-18 展示了 Microsoft Excel 输出的界面，单击图中的内容，获取字段即可。注意，涉及的表内容的一定要获取字段。Excel 输出控件在文件名和扩展名的地方有一个问题，保存的文件名自动带文件后缀，扩展名也会带后缀，这就导致了一个文件默认是双重后缀名，使用的时候必须手动删除其中一个后缀。

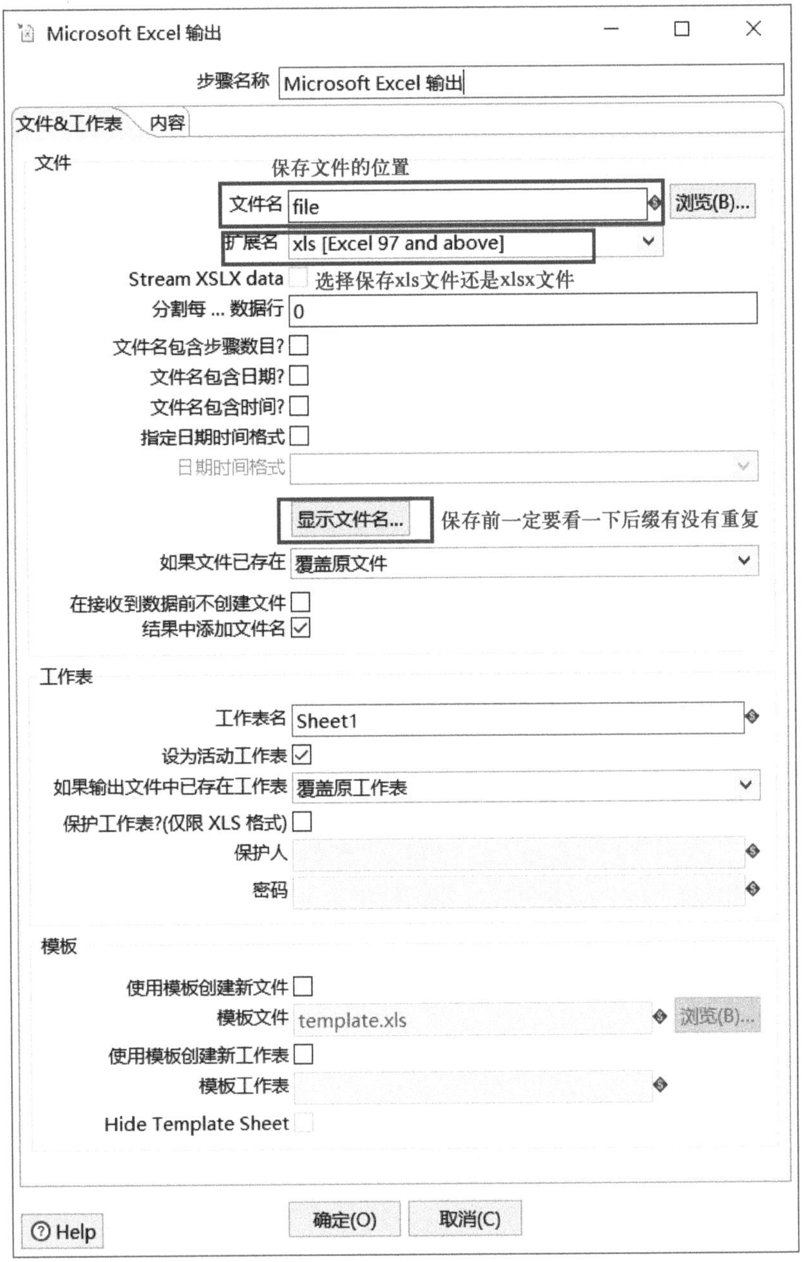

图 8-18 Microsoft Excel 输出

6. 文本文件输出

文本文件输出控件，顾名思义，这是一个能将数据输出成文本的控件，比较简单，在企业里面也比较常用，使用步骤如下。

1）设置对应的目录和文件名。

2）设置合适的扩展名，例如 txt，csv 等。

3）在内容框里设置合适的分隔符，例如分号，逗号，TAB 等。

4）在字段框里获取字段，并且给每个字段设置合适的格式。

7. 表输出

表输出控件可以将 Kettle 数据行中的数据直接写入到数据库中的表中，企业里做 ETL 工作会经常用到此控件。表输出使用步骤如下。

1）选择合适的数据库连接。

2）选择目标表，目标表可以提前在数据库中手动创建好，也可以输入一个数据库不存在的表，然后点击下面的 SQL 按钮，利用 Kettle 现场创建。

3）如果目标表的表结构和输出的数据结构不一致，还可以自己指定数据库字段。表输出界面如图 8-19 所示。

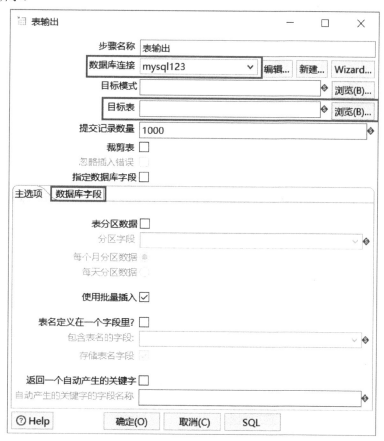

图 8-19　表输出

数据的获取离不开这些基本的输入输出控件，在输入和输出之间可以用跳连接起来，跳就是步骤之间带箭头的连线，定义了步骤之间的数据通路。通过按〈Shift〉键并单击鼠标就可以拖动箭头，把输入和输出连接起来，如图8-20所示，这样就完成了数据的获取。

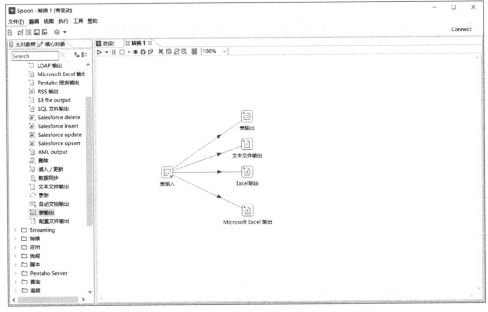

图 8-20　数据获取

8.3.4　数据清洗与转换

转换控件是转换里面的第四个分类，转换控件也是转换中的第三大控件，用来转换数据。转换是 ETL 里面的 T（Transformation），主要做数据转换、数据清洗的工作。在 ETL 整个过程中，转换的工作量最大，耗费的时间也比较久，大概可以占到整个 ETL 的三分之二。

由于 Kettle 中自带的转换控件比较多，本文只介绍开发中经常使用的几个转换控件，如图8-21所示。

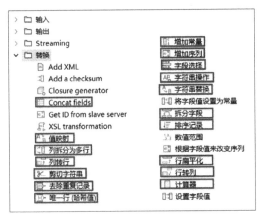

图 8-21　常用转换控件

1. Concat fields

转换控件 Concat fields 的功能就是将多个字段连接起来形成一个新的字段，界面如图 8-22 所示。

图 8-22　Concat fields 界面

2. 值映射

值映射就是把字段的一个值映射成其他的值。值映射在数据质量规范上使用得非常多，比如很多系统对应性别 sex 字段的定义不同，需要利用此控件，将同一个字段中不同的值，映射转换成需要的值。值映射操作步骤如下。

1）选择映射的字段。

2）可以自定义映射以后的新字段名。

3）设置不匹配时的默认值。

4）设置映射的值。

值映射界面如图 8-23 所示。

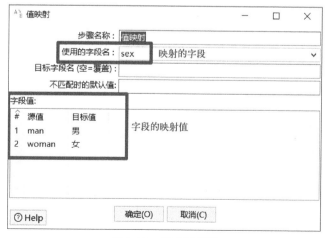

图 8-23　值映射界面

3．增加常量和增加序列

增加常量就是在本身的数据流里面添加一列数据，该列的数据都是相同的值。

增加序列是给数据流添加一个序列字段，可以自定义该序列字段的递增步长。

4．字段选择

字段选择是从数据流中选择字段、改变名称、修改数据类型。在进行选择与修改的时候，无论字段是否需要修改，都必须选择全部字段，如图 8-24 所示。字段名称为原字段，改名成为新字段。长度和精度也可以自己设置。移除不需要的字段时只需要直接添加字段名称即可。

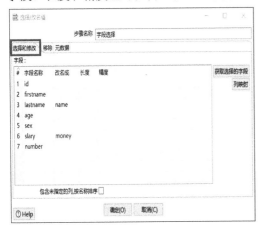
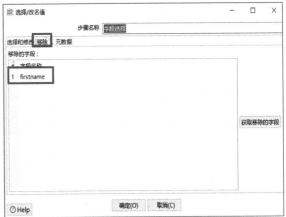

图 8-24　字段选择界面

5．计算器

计算器可以用一个函数集合来创建新的字段，还可以设置字段是否移除（临时字段）。可以通过计算器里面的多个计算函数对已有字段进行计算，得出新字段。计算器界面如图 8-25 所示。在计算器里面可以选择参数之间的关系，可以是加减乘除，也可以是平方和开方，长度和精度可以自己设置。

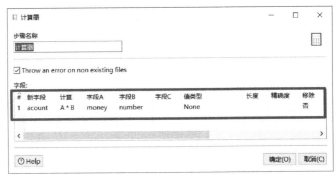

图 8-25　计算器界面

6．字符串剪切、替换和操作

转换控件中有三个关于字符串的控件，分别是剪切字符串、字符串替换、字符串操作。剪切字符串是在指定输入流字段裁剪的位置剪切出新的字段。字符串替换是指定搜索内容和替换内容，如果输入流的字段和搜索内容匹配，就替换生成新字段。字符串操作是去除字符串两端的空格和大小写切换，并生成新的字段。

7. 排序记录和去除重复记录

去除重复记录是指去除数据流里面相同的数据行。但是此控件使用之前要求必须先对数据进行排序，对数据排序用的控件是排序记录，排序记录控件可以按照指定字段的升序或者降序对数据流进行排序。因此排序记录和去除重复记录控件常常配合使用。界面如图 8-26 所示。字段名称选择需要排序的字段，升序或者降序。在去除重复记录的时候还可以选择是否忽略大小写。

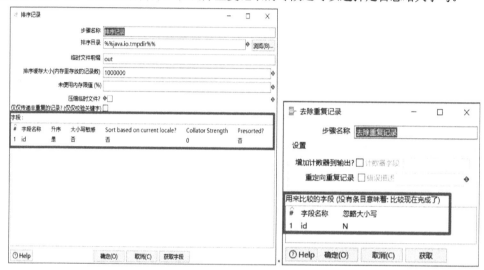

图 8-26　排序记录和去除重复记录界面

8. 唯一行（哈希值）

唯一行（哈希值）就是删除数据流重复的行。此控件的效果和使用排序记录与去除重复记录的效果是一样的，但是实现的原理不同。排序记录+去除重复记录对比的是每两行之间的数据，而唯一行（哈希值）是给每一行的数据建立哈希值，通过哈希值来比较数据是否重复，因此唯一行（哈希值）去重效率比较高，也更建议使用。唯一行界面如图 8-27 所示。在字段名称里输入想要去重的字段即可。

图 8-27　唯一行界面

9. 拆分字段

拆分字段是把字段按照分隔符拆分成两个或多个字段。需要注意的是，字段拆分以后，原字段就会从数据流中消失。拆分字段界面如图 8-28 所示。

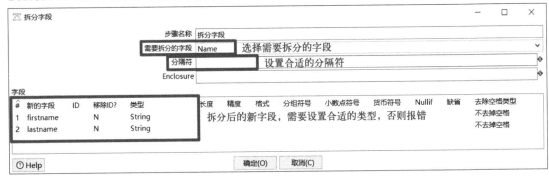

图 8-28　拆分字段界面

8.3.5　数据迁移和装载

Kettle 可以用来做数据的迁移和装载，也就是将一个数据库中的数据迁移到另一个数据库里面去。如果数据库表中的字段完全不同，就需要将表的字段名称甚至字段内容都进行一次转换。

下面通过案例介绍如何进行数据迁移和装载。首先操作的是表输入，顾名思义，表输入代表的就是数据的来源，双击表输入，选择数据库连接，然后编写 SQL 语句，单击预览就可以查看查找到的数据。表输入数据如图 8-29 所示。

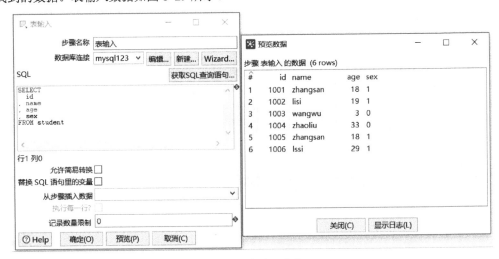

图 8-29　表输入数据

从图中可以看到，连接的是 mysql123 数据库。表中的内容不太规范，所以在迁移数据库之前还需要对数据进行一系列的处理。sex 参数 0 对应的是 woman，1 对应的是 man。这里还需要删除表中的重复数据，最后添加一个 salary 字段。设计思路如图 8-30 所示。

图 8-30　设计思路

　　唯一行（哈希值）可以用来去重，增加常量控件可以添加 salary 字符，值映射可以改变 sex 参数，让 sex 参数更规范。最后将数据迁移到另一个数据库中。

　　在图 8-29 中可以看到，zhangsan 这一条记录重复了，需要按照 name 字段进行去重，操作如图 8-31 所示，在字段名词里输入 name 即可。

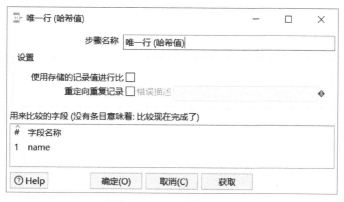

图 8-31　name 字段去重

　　数据去重完毕，还需添加一个 salary 字段，如图 8-32 所示，可以设置 salary 的类型，格式，长度，精度以及数值等。

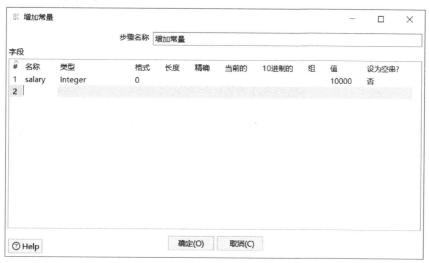

图 8-32　添加常量

　　接下来需要改变 sex 字段里的内容，将 1 改成 man，0 改成 woman，操作如图 8-33 所示。

　　此时 mysql123 数据库的表已经被一系列控件处理成想要的形式，下一步就需要添加输出表控件，将数据迁移到 mysql456 数据库中，操作如图 8-34 所示。数据库连接选择 mysql456，目标表可以选择数据库的空表，也可以自己利用 Kettle 的 SQL 语句进行创建。

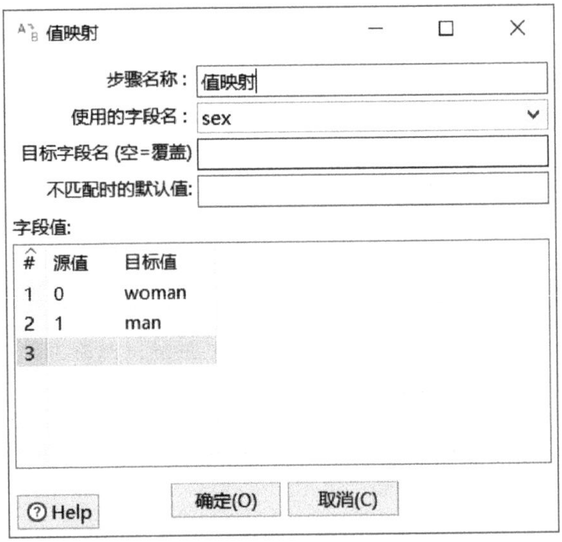

图 8-33　sex 映射

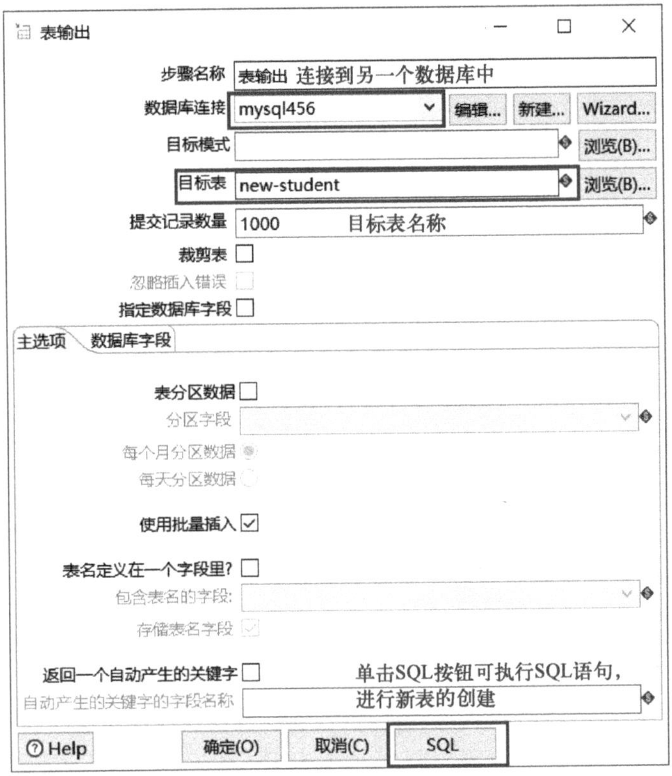

图 8-34　数据库迁移_表输出

接下来只需单击运行转换即可，运行成功之后，可以去数据库查看运行结果是否和预想的一样。如图 8-35 与图 8-36 所示，可以清晰地看到运行结果和想要的结果是一模一样的，这就完成了数据库的迁移和装载。

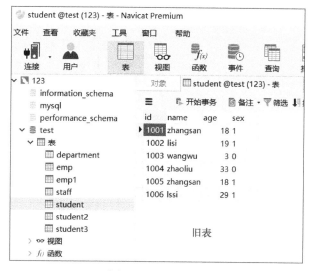

图 8-35 旧表数据

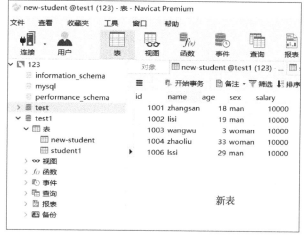

图 8-36 新表数据

8.4 实践案例：使用 Kettle 处理某电商网站数据

以上内容介绍了 Kettle 的大部分操作。接下来将介绍使用 Kettle 处理某电商网站的数据。数据是通过第 6 章的实践案例所得，由于网站每天都会更新数据，这必定会导致我们所爬取到的数据不一样，但是爬取到的数据格式必定是一致的。要处理的数据如图 8-37 所示。

这些数据是通过 Python 网络爬虫爬取下来的，由于在爬取的时候数据已经过一系列处理，所以这些数据看起来相对比较规范。此数据爬取下来后保存在.csv 文件中，在此，需要将数据保存到数据库里。

将数据保存到数据库的优点如下。

1）数据永久存储。

```
suning1.csv - 记事本
文件(F)  编辑(E)  格式(O)  查看(V)  帮助(H)
name;price;author;publish;time
"[新华书店]正版 中国当代文学经典必读(1997年短篇小说卷)吴义勤9787550016286百花洲文艺出版社 书籍";"27.00";吴义勤著;百花洲文艺出版社;2016-03-01
"把握美丽人生——战胜乳腺癌9787533747503(英)普朗特 著,方华";"39.00"; (英) 普朗特 著, 方华文 主译者;安徽科技出版社;2010年09月 
"《鉴宝3》9787516801116姚锴莹 著台海出版社";"39.80";姚锴莹  著者;台海出版社;2013年06月 
"每天懂一点潜伏心理学--教您修炼潜入人心秘术的心理书,将潜伏在";"26.00";(日)涩谷昌三著;江苏文艺出版社;2011年07月 
"铁人传(上、下册)(全两册)9787502130794大庆铁人传写作组 编著";"30.00";大庆铁人传写作组  编著者;石油工业出版社;2000年11月 
"这里的黎明静悄悄....9787020045846(苏)瓦西里耶夫 著,王金";"10.00"; (苏) 瓦西里耶夫 著, 王金陵 译著;江苏人民出版社;2004年06月 
"追风筝的人";"23.00";其他著;上海人民出版社;2006年5月
"皂香《青瓷》《红袖》之后,浮石托天之作9787214075680浮石万沪人";"32.00";浮石著;江苏人民出版社;2011年11月 
"[名家名译全译本]契诃夫短篇小说选 正版硬壳精装 契科夫短篇小说选 契诃夫 著 契诃夫短篇";"1.00";契诃夫著;西安交通大学出版社;出版时间
"圣王 神象镇狱《斗破苍穹》的热血《神印王座》的霸气!《圣王》";"25.00";梦入神机著;太白文艺出版社;2013年06月 
"西藏生死之书 [美]索甲仁波切 中国社会科学出版社 9787500424956";"46.01";[美]索甲仁波切著;中国社会科学出版社;1999-6
"金瓶梅词话(全两册)9787020065929(明)兰陵笑笑生 著人民文学";"90.00";(明)兰陵笑笑生  著者;江苏人民出版社;2008年08月 
"[新华书店]正版 尘埃落定阿来浙江文艺出版社9787533960919 书籍";"49.00";阿来著;浙江文艺出版社;2020-09-01
"呐喊 彷徨 鲁迅小说集全新正版图书籍";"1.00";作者著;中国文联出版社;出版时间
"中国通史演义全编(绣像珍藏本 套装全14册 精装) 全新正版";"2995.00";钟毓龙、等著;吉林人民出版社;2010-07-01 00:00:00
"四大名著线装版原著 足本无删减 插图4函24册简体竖排 西游记水浒红楼梦三国演义古典文学长篇小说青少年版书籍";"0.00";曹雪芹 等著;吉林出版集团责任有限公司;2012-05-01
"[精装硬皮全本典藏]鬼谷子全书 厚黑学大全集纵横的智慧谋略全解全书详解书籍 人际交际职场心励志心理学 国学经典名著小说";"0.00"; (战国) 鬼公子著;中国文联出版社;201604
"四大名著 足本无删减16册 无障碍阅读生僻字注音注释 青少年版学生版 红楼梦水浒传三国演义西游记文学小说书籍";"0.00";曹雪芹 施耐庵 罗贯中 吴承恩 著者;黄山书社;2014-04-01
"博物志 聊斋志异 西阳杂组 搜神记 阅微草堂笔记 文白对照 志怪小说 套装全5册";"1.00";作者著;北京联合出版社;出版时间
"[任选7本18元]聊斋志异 原文+注释 中华国学经典中国古代民间历史小说书籍";"1.00";作者著;北京联合出版社;2017-01-01
"中国公案小说全5册 狄公案+施公案+包公案+彭公案+海公案 中国古典探案奇案小说名著 [明] 安遇时 著";"0.00";[明] 安遇时 著者;北方文艺出版社;2013-01-01
"四大名著全套正版 原著足本 绣像插图精装4册红楼梦/三国演义/西游记/水浒传 青少年学生版中国古典文学名著长篇小说 正版";"395.00";(明)施耐庵著;北京燕山出版社;2008-7-1
"[正版]全8册哈利波特全集纪念版人民文学出版社中文正版1-7-8全套J.K.罗琳被诅咒孩子书籍哈利波特与魔法石魔杖死";"136.00";其他著;人民文学出版社;2000年9月
```

图 8-37　某电商网站的部分数据

2）使用 SQL 语句，查询方便高效。

3）管理数据方便。

接下来正式使用 Kettle 工具对爬取的数据进行预处理。找到 Kettle 安装包的位置，如果是 Windows 系统就打开 Spoon.bat，如果是 Linux 用户就打开 Spoon.sh。进入 Spoon 后先创建一个名为 book 的转换，如图 8-38 所示。

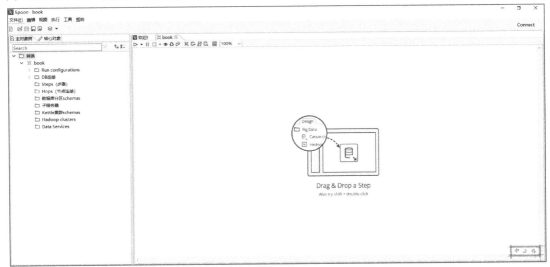

图 8-38　Spoon 界面（实例）

我们的目标是将.csv 文件的内容保存到数据库中，因此需要先在 Navicat 中创建一个名为 book 的数据库，再创建一个名为 book_info 的表用于存放转移后的数据，如图 8-39 所示。

与此同时需要在 Kettle 的 Spoon 里面新建一个数据库连接，数据库名称为 book，如图 8-40 所示。

添加 CSV 输入控件，把爬取得到的数据输入进去，如图 8-41 所示。

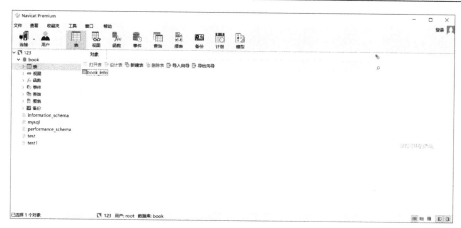

图 8-39　在 Navicat 中创建表

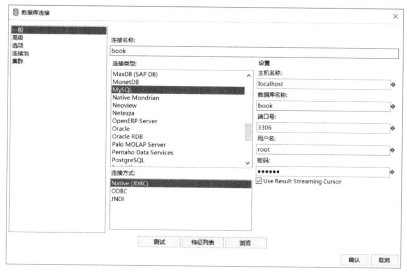

图 8-40　Kettle 连接 book 数据库

图 8-41　电商数据 CSV 输入

接着再添加一个表输出，如图 8-42 所示。数据库连接选择在 Navicat 中创建好的 book 数据库，目标表选择 book_info。如果在之前没有创建好，也可以单击"SQL"按钮进行现场创建。数据库字段是自定义数据类型，这里不需要使用。

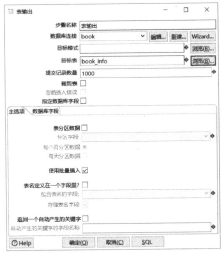

图 8-42　电商数据表输出

两者再进行跳的连接（按〈Shift〉键并单击鼠标，然后选择主输出步骤），就可以进行数据的迁移了，最后单击"运行转换"即可。如图 8-43 所示，CSV 文件数据迁移到数据库的操作已经顺利完成。

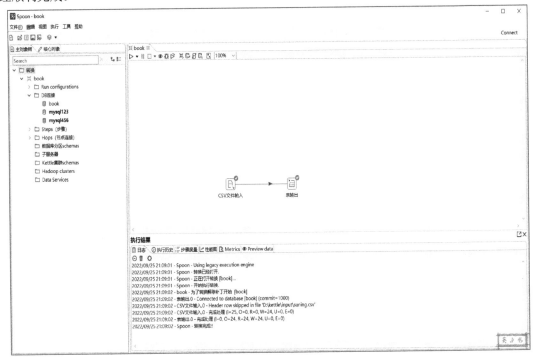

图 8-43　迁移结束

通过 Kettle 的转换，CSV 文件的数据已经迁移到 book 数据库中的 book_info 表里面了，这个数据库和表我们已经创建好了，接下来去 Navicat 中的 book 数据库下的 book_info 表中查询一下数据迁移是否真的顺利完成。如图 8-44 所示，数据的迁移操作已顺利完成。

图 8-44　迁移完成

习题

1. 简述什么是 Kettle，Kettle 的作用是什么。
2. Kettle 与其他 ETL 工具相比有什么优势？

第9章 其他常用的数据预处理工具

在第 6～8 章中已经详细介绍了主流的数据预处理工具。本章将介绍两种常用的数据预处理工具 Pig 和 OpenRefine，并分别介绍这两种工具的概念、特点以及安装配置过程，通过具体案例介绍这两个工具的应用。

9.1 Pig

Pig 是基于 Hadoop 的数据分析引擎，可对分布式数据集进行类 SQL 的查询。利用 Pig 可以很方便地进行数据的处理与分析。可通过 Pig 提供的 SQL 接口和 Pig Latin 语言来操作 HFDS 中的数据，而无需再编写复杂的 MapReduce 程序。Pig 为复杂的海量数据并行运算提供了一个简单的操作和编程接口，使用 Pig Latin 语言，开发人员无须关注运行效率，系统会自动以最优的方式运行。

9.1.1 Pig 概述

Apache Pig 是 Apache 平台下的一个免费开源项目。Pig 为大型数据集的处理提供了更高层次的抽象，与 MapReduce 相比，Pig 提供了更丰富的数据结构，一般都是多值和嵌套的数据结构。Pig 还提供了一套更强大的数据变换操作，包括在 MapReduce 中被忽视的连接（Join）操作。Pig 通常与 Hadoop 一起使用，它不仅可以运行在由 Hadoop 集群构建的分布式执行环境上，还可运行在本地的 Java 虚拟机（Java Virtual Machine，JVM）上。Pig 提供了许多运算符来执行 Join、File 等操作，用户可以根据已有的操作符开发功能来读取、处理数据。Pig 提供了在其他编程语言（如 Java）中创建用户定义函数的功能，并且可以调用或嵌入到 Pig 脚本中，Pig 可以自动优化地执行任务，因此程序员只需要关注 Pig Latin 语言的语义，而无须关注底层实现细节。数据科学家通常使用 Pig 执行涉及临时处理和快速原型设计的任务。与同为 Hadoop 上层衍生架构的 Hive 相比，Pig 更轻量级，执行效率更高。但是 Pig 并不适合所有的数据处理任务，和 MapReduce 一样，它是为数据批处理而设计的，如果想执行的查询只涉及一个大型数据集的一小部分数据，Pig 的实现并不好，因为它要扫描整个数据集或其中很大一部分。Apache Pig 的 Logo 如图 9-1 所示。

图 9-1 Apache Pig 的 Logo

Pig 架构中包括交互模式组件（Grunt Shell）、Pig 服务组件（Pig Server）、解析器组件（Parser）、优化器组件（Optimizer）、编译器组件（Compiler）、执行引擎组件（Execution Engine），如图 9-2 所示。其中 Grunt Shell 是 Pig 的交互式 Shell，使用 Pig Latin 语言编写 Pig 脚本。Pig Server 用来执行通过 Grunt Shell 写入的脚本文件。Pig 脚本可以通过交互模式、批处理模式（脚本）、嵌入（UDF）模式三种方式执行，其中交互模式是在 Grunt Shell 中输入 Pig Latin 语句来执行，批处理模式是将多个 Pig 脚本以扩展名 pig 的形式写入到单个文件，用户自定义函数（User Defined Functions，UDFs）模式是在 Pig 脚本中嵌入使用其他编程语言（如 Java）自定义的函数。Parser 处理 Pig 脚本文件，进行脚本的语法、类型检查和其他项目检查。检查后，解析器的输出是一个有向无环图（Directed Acyclic Graph，DAG），用以表示 Pig Latin 语句和逻辑运算符。在 DAG 中，脚本的逻辑运算符表示为节点，数据流表示为边。Optimizer 优化被传递过来的是有向无环图。Compiler 将优化后的逻辑计划编译为一系列的 MapReduce 作业。Execution Engine 将 MapReduce 作业以排序顺序提交到 Hadoop 并执行，产生的结果将存储到 HDFS 中。

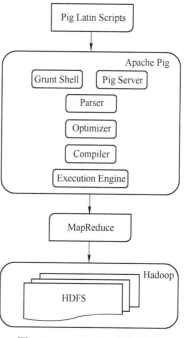

图 9-2　Apache Pig 的架构图

9.1.2　Pig 的安装和配置

由于 Pig 是基于 Hadoop 的数据分析引擎，所以在进行 Pig 安装前，要先进行 Hadoop 的安装（Hadoop 的安装与配置请参阅第 2 章内容），本书安装的 Pig 版本号为 0.17.0。下面详细介绍 Pig 的安装和配置过程。

1）在 Pig 官网下载 Pig 压缩包。

```
[ylw@localhost~]$wget https://dlcdn.apache.org/pig/pig-0.17.0/pig-0.17.0.tar.gz
```

2）通过 Linux 指令 tar -xf 解压缩 Pig 包，将 pig-0.17.0.tar.gz 解压到 Hadoop 的目录下。

```
[ylw@localhost~]$ tar -xf /home/ylw/pig-0.17.0.tar.gz -C /home/ylw/usr/local/
hadoop/server/
```

3）通过 Linux 指令 vi~/.bash_profile 进入全局环境变量的配置页面。

```
[ylw@localhost~]$ vi ~/.bash_profile
```

4）在全局环境变量配置页面添加 Pig 环境变量的配置内容，内容如下。

```
#Pig 的环境变量
export PIG_HOME=/home/ylw/usr/local/hadoop/server/pig-0.17.0
export PATH=$PIG_HOME/bin:$PATH
```

5）通过 Linux 指令 source ~/.bash_profile 加载新配置的环境变量。

```
[ylw@localhost~]$ source ~/.bash_profile
```

6）最后通过 Linux 指令 pig -version 查看 Pig 是否安装成功，若出现 Pig 的版本号，则安装成功。

```
[ylw@localhost~]$ pig -version
Apache Pig version 0.17.0 (r1797386)
```

```
compiled Jun 02 2017, 15:41:58
```

9.1.3　Pig Latin 的基本概念

Pig 是一个用于大规模数据处理的平台，它可以处理结构化数据和半结构化数据，通过使用一种类似 SQL 的面向数据流的 Pig Latin 语言进行数据处理。Pig Latin 可以对数据进行排序、过滤、求和、分组等常用操作，还可以自定义函数，是一种面向数据分析的轻量级脚本语言。下面简单介绍 Pig 的基础知识。

1．数据类型

（1）Pig Latin 的数据模型

Pig Latin 的数据模型其实就是表，不过与普通的表（Table）并不相同，Pig Latin 的表称为 Bag Pig。Latin 的表（Bag）结构包括行（Tuple）和列（Field），其中 Pig 不要求表中的行具有相同的列，如果人为地将行（Tuple）设置为具有相同的列，那么将这些行称为一个关系（Relation）。Pig 允许表中嵌套另一个表。Bag 与 Table 的对比如图 9-3 所示。在物理存储上，Pig 表中的数据采用 JOSN 格式进行存储。

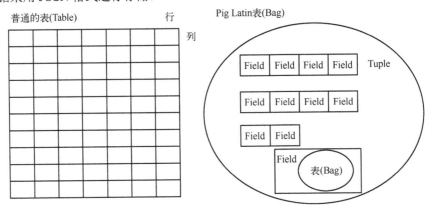

图 9-3　Bag 与 Table 的对比图

（2）Pig Latin 支持的数据类型

Pig Latin 支持 10 种基础数据类型（如 Int、Long、Float 等）及 3 种复杂数据类型（如 Tuple、Bag、Map），见表 9-1。

表 9-1　**Pig Latin 支持的数据类型**

数据类型	说明和示例
Int	表示一个有符号的 32 位整数，例如：8
Long	表示一个有符号的 64 为整数，例如：5L
Float	表示有符号的 32 位浮点数，例如：4.5F
Double	表示一个 64 位的浮点数，例如：9.5
Char array	以 Unicode UTF-8 格式表示字符数组（字符串），例如：'Hello Word'
Byte array	表示一个字节数组（blob）

（续）

数据类型	说明和示例
Boolean	表示一个布尔值，例如：true 或 false
Datetime	表示一个日期时间，例如：1970-01-01T00：00：00.000+00：00
Big Integer	表示 Java Big Integer，例如：60708090709
Big Decimal	表示 Java Big Decimal，例如：185.9837625627893883
Tuple	表示一组有序的字段，例如：(age, name)
Bag	表示 Tuple 的集合，例如：{(age, name), (id, major)}
Map	Map 是一组键值对，例如：['name'#'raju', 'age'#'45']

2. 运算符

Pig Latin 提供了各种运算符，如算术运算符、比较运算符、类型结构运算符、关系运算符等，下面分别介绍这几种常用的运算符。

（1）算术运算符

表 9-2 显示的是 Pig Latin 的算术运算符。

表 9-2　Pig Latin 算术运算符

运算符	说明和示例
+	运算符的两侧操作数相加，例如：20+10=30
−	运算符的左侧操作数减去右侧操作数，例如：20-10=10
*	运算符的两侧操作数相乘，例如：20*10=200
/	运算符的左侧操作数除右侧操作数，例如：20/10=2
%	运算符右侧操作数除左侧操作数并返还余数，例如：20%10=0
?:	三目运算符，例如：20==10?200:100,如果 a=b 则返回 200，否则返回 100

（2）比较运算符

表 9-3 显示的是 Pig Latin 的比较运算符。

表 9-3　Pig Latin 比较运算符

运算符	说明和示例
==	检查运算符两侧的操作数的值是否相等，如果是则条件为 true，否则条件为 false，例如（1==2）为 false
!=	检查运算符两侧的操作数的值是否不相等，如果不相等则条件为 true，否则条件为 false。例如：（1!=2）条件为 true
>	检查运算符左侧操作数是否大于右侧操作数，如果左侧操作数大于右侧操作数，则条件为 true，否则条件为 false。例如：2>1，条件为 true
<	检查运算符左侧操作数是否小于右侧操作数，如果左侧操作数小于右侧操作数，则条件为 true，否则条件为 false。例如：1<2，条件为 true
>=	检查运算符左侧操作数是否大于或等于右侧操作数，如果左侧操作数大于或等于右侧操作数，则条件为 true，否则条件为 false。例如：2>=2，条件为 true
<=	检查运算符左侧操作数是否小于或等于右侧操作数，如果左侧操作数小于或等于右侧操作数，则条件为 true，否则条件为 false。例如：1<=2，条件为 true

（3）类型结构运算符

表 9-4 显示的是 Pig Latin 的类型结构运算符。

表 9-4　Pig Latin 类型结构运算符

运算符	说明和示例
()	元（Tuple）组构造函数运算符，用于构建元组，例如：(Raju,30)
{}	包（Bag）构造函数运算符，用于构建包。例如：{(Raju,30),(Mohammad,45)}
[]	Map（映射）构造函数运算符，用于构造一个映射。例如：[name＃Raja,age＃30]

（4）关系运算符

表 9-5 显示的是 Pig Latin 的关系运算符。

表 9-5　Pig Latin 关系运算符

运算符	说明和示例
	加载和存储
LOAD	将数据从文件系统（Local/ HDFS）加载到关系中
STORE	将数据从关系存储到文件系统（Local/ HDFS）中
	过滤
FILTER	从关系中删除不需要的行
DISTINCT	从关系中删除重复行
FOREACH，GENERATE	基于数据列生成数据转换
STREAM	使用外部程序转换关系
	分组和连接
JOIN	连接两个或多个关系，连接可以是以下类型： Self-join，Inner-join，Outer-join（left join, right join,　full join）
COGROUP	将数据分组为两个或多个关系
GROUP	在单个关系中对数据进行分组
CROSS	计算两个或多个关系的向量积
	排序
ORDER	基于一个或多个字段（升序或降序）按排序排列关系
LIMIT	从关系中获取有限数量的元组
	合并和拆分
UNION	将两个或多个关系合并为单个关系
SPLIT	将单个关系拆分为两个或多个关系
	诊断运算符
DUMP	在控制台上打印关系的内容
DESCRIBE	描述关系的模式
EXPLAIN	查看逻辑，物理或 MapReduce 执行计划以及计算关系
ILLUSTRATE	查看一系列语句的执行步骤

3. 内置函数

Pig Latin 提供了各种内置函数，如 Eval 函数、数据加载和存储函数、数学函数、字符串处理函数、日期函数、包和元组函数等。下面介绍这几种常用的内置函数。

（1）Eval 函数

表 9-6 显示的是 Pig Latin 的 Eval 函数。

表 9-6　Pig Latin Eval 函数

函数名	描述
AVG()	计算包内数值的平均值
BagToString()	将包的元素连接成字符串。在连接时，可以在这些值之间放置分隔符
CONCAT()	连接两个或多个相同类型的表达式
COUNT()	获取包中元素的数量，同时计算包中元组的数量
COUNT_STAR()	类似于 COUNT()函数，用于获取包中的元组数量
DIFF()	比较元组中的两个包中的字段
IsEmpty()	检查包或 Map（映射）是否为空
MAX()	计算单列包中的列（数值或字符）的最大值
MIN()	要获取单列包中特定列的最小值（数字或字符）
PluckTuple()	定义字符串 Prefix（前缀），并过滤以给定 prefix（前缀）开头的关系中的列
SIZE()	基于任何 Pig 数据类型计算元素的数量
SUBTRACT()	两个包相减，需要两个包作为输入，并返回包含第一个包中不在第二个包中的元组的包
SUM()	要获取单列包中某列的数值总和
TOKENIZE()	要在单个元组中拆分字符串（其中包含一组字），并返回包含拆分操作的输出的包

（2）数据加载和存储函数

Pig Latin 中的加载和存储函数用于确定数据如何从 Pig 中弹出，这些函数与加载和存储运算符一起使用。表 9-7 显示的是 Pig Latin 的加载和存储函数。

表 9-7　Pig Latin 的加载和存储函数

函数名	描述
PigStorage()	加载和存储结构化文件
TextLoader()	将非结构化数据加载到 Pig 中
BinStorage()	使用机器可读格式将数据加载并存储到 Pig 中

（3）数学函数

表 9-8 显示的是 Pig Latin 的数学函数。

表 9-8　Pig Latin 数学函数

函数名	描述
ABS(expression)	获取 expression 的绝对值
ACOS(expression)	获得 expression 的反余弦值
ASIN(expression)	获取 expression 的反正弦值
ATAN(expression)	获取 expression 的反正切值
CBRT(expression)	获取 expression 的立方根
CEIL(expression)	获取向上取整的 expression 的值

（续）

函数名	描述
COS(expression)	获取 expression 的三角余弦值
COSH(expression)	获取 expression 的双曲余弦值
EXP(expression)	获得指数值
FLOOR(expression)	获得向下取整的 expression 的值
LOG(expression)	获取 expression 的以 e 为底的对数
LOG10(expression)	获取 expression 的以 10 为底的对数
RANDOM()	获得大于或等于 0.0 且小于 1.0 的随机数（double 类型）
ROUND(expression)	将 expression 的值四舍五入为整型或四舍五入为长整型
SIN(expression)	获得 expression 的正弦值
SINH(expression)	获得 expression 的双曲正弦值
SQRT(expression)	获得 expression 的正平方根
TAN(expression)	获得 expression 的正切值
TANH(expression)	获得 expression 的双曲正切

（4）字符串处理函数

表 9-9 显示的是 Pig Latin 的字符串处理函数。

表 9-9　Pig Latin 字符串处理函数

函数名	描述
ENDSWITH(string, testAgainst)	验证给定字符串是否以特定子字符串结尾
STARTSWITH(string, substring)	接受两个字符串参数，并验证第一个字符串是否以第二个字符串开头
SUBSTRING(string, startIndex, stopIndex)	返回来自给定字符串的子字符串
EqualsIgnoreCase(string1, string2)	比较两个字符串，忽略大小写
INDEXOF(string, 'character', startIndex)	返回字符串中第一个出现的字符，从开始索引向前搜索
LAST_INDEX_OF(expression)	返回字符串中最后一次出现的字符的索引，从索引开始向后搜索
LCFIRST(expression)	将字符串中的第一个字符转换为小写
UCFIRST(expression)	返回一个字符串，其中第一个字符转换为大写
UPPER(expression)	将字符串中的所有字符转换为大写
LOWER(expression)	将字符串中的所有字符转换为小写
REPLACE(string, 'oldChar', 'newChar');	使用新字符替换字符串中的现有字符
STRSPLIT(string, regex, limit)	给定正则表达式的匹配拆分字符串
STRSPLITTOBAG(string, regex, limit)	与 STRSPLIT() 函数类似，它通过给定的分隔符将字符串拆分，并将结果返回到包中
TRIM(expression)	返回删除了前端和尾部空格的字符串的副本
LTRIM(expression)	返回删除了前端空格的字符串的副本
RTRIM(expression)	返回已删除尾部空格的字符串的副本

（5）日期函数

表 9-10 显示的是 Pig Latin 的日期函数。

表 9-10　Pig Latin 日期函数

函数名	描述
ToDate(milliseconds)	根据给定的参数返回日期时间对象
CurrentTime()	返回当前时间的日期时间对象
GetDay(datetime)	根据日期时间对象返回当前的天数
GetHour(datetime)	根据日期时间对象返回当前的小时
GetMilliSecond(datetime)	根据日期时间对象返回当前的毫秒
GetMinute(datetime)	根据日期时间对象返回当前的分钟
GetMonth(datetime)	根据日期时间对象返回当前的月份
GetSecond(datetime)	根据日期时间对象返回当前的秒
GetWeek(datetime)	根据日期时间对象返回当前的星期
GetWeekYear(datetime)	根据日期时间对象返回当前的周年
GetYear(datetime)	根据日期时间对象返回当前的年份
AddDuration(datetime, duration)	将给定的持续时间添加到日期时间对象，并返回具有添加的持续时间的新的日期时间对象
SubtractDuration(datetime, duration)	从 datetime 对象中减去 duration 对象并返回结果
DaysBetween(datetime1, datetime2)	返回两个日期时间对象之间的天数
HoursBetween(datetime1, datetime2)	返回两个日期时间对象之间的小时数
MilliSecondsBetween(datetime1, datetime2)	返回两个日期时间对象之间的毫秒数
MinutesBetween(datetime1, datetime2)	返回两个日期时间对象之间的分钟数
MonthsBetween(datetime1, datetime2)	返回两个日期时间对象之间的月数
SecondsBetween(datetime1, datetime2)	返回两个日期时间对象之间的秒数
WeeksBetween(datetime1, datetime2)	返回两个日期时间对象之间的星期数
YearsBetween(datetime1, datetime2)	返回两个日期时间对象之间的年数

（6）包和元组函数

表 9-11 显示的是 Pig Latin 的构建包和元组函数。

表 9-11　Pig Latin 构建包和元组函数

函数名	描述
TOBAG(expression [, expression ...])	将两个或多个表达式转换为包
TOP(topN,column,relation)	获取关系的顶部 N 个元组
TOTUPLE(expression [, expression ...])	将一个或多个表达式转换为元组
TOMAP(key-expression, value-expression [, key-expression, valueexpression ...])	将 key-value 对转换为 Map

4. 保留关键字

保留关键字（reserved word）指在高级语言中已经定义过的字，不能再将这些字作为变量名或过程名使用。每种程序设计语言都规定了自己的一套保留关键字。下面列出 Pig Latin 的保留关键字，见表 9-12。Pig Latin 的保留关键字不区分大小写。

表 9-12　Pig Latin 的保留关键字

--A	assert, and, any, all, arrange, as, asc, AVG
-- B	bag, BinStorage, by, bytearray, BIGINTEGER, BIGDECIMAL
-- C	cache, CASE, cat, cd, chararray, cogroup, CONCAT, copyFromLocal, copyToLocal, COUNT, cp, cross
-- D	datetime, %declare, %default, define, dense, desc, describe, DIFF, distinct, double, du, dump
-- E	e, E, eval, exec, explain
-- F	f, F, filter, flatten, float, foreach, full
-- G	generate, group
-- H	help
-- I	if, illustrate, import, inner, input, int, into, is
-- J	join
-- K	kill
-- L	l, L, left, limit, load, long, ls
-- M	map, matches, MAX, MIN, mkdir, mv
-- N	not, null
-- O	onschema, or, order, outer, output
-- P	parallel, pig, PigDump, PigStorage, pwd
-- Q	quit
-- R	register, returns, right, rm, rmf, rollup, run
-- S	sample, set, ship, SIZE, split, stderr, stdin, stdout, store, stream, SUM
-- T	TextLoader, TOKENIZE, through, tuple
-- U	union, using
-- V, W, X, Y, Z	void

9.1.4　使用 Pig 进行数据预处理

本节将介绍如何使用 Pig 对学生信息进行数据预处理。

1. 数据准备

学生信息表如下所示,其中包含学号、姓名、性别、出生日期、专业五个字段。

```
[ylw@localhost~]$ cat /home/ylw/TestData.csv
20220828,路人0828,男,2000/1/10,软件工程
20220829,路人0829,男,2000/4/11,计算机科学与技术
20220830,路人0830,男,2000/7/12,物联网技术
20220831,路人0831,男,2000/11/13,软件工程
20220901,路人0901,女,2000/3/14,计算机科学与技术
20220902,路人0902,男,2000/4/15,人工智能
20220903,路人0903,女,2000/1/16,软件工程
20220904,路人0904,女,2000/6/17,大数据技术
20220905,路人0905,男,2000/8/18,物联网技术
20220906,路人0906,男,2000/9/19,软件工程
```

```
20220907,路人 0907,,2000/1/20,计算机科学与技术
20220908,路人 0908,男,2000/12/21,区块链
```

2. Pig 进入数据预处理模式

Pig 进行数据预处理的时候会有两种执行（工作）模式：本地（Local）模式和集群（MapReduce）模式。下面分别介绍如何进入 Pig 的两种执行模式。

（1）本地模式

Pig 的本地模式操作的是 Linux 系统上的文件，下面介绍如何进入本地模式。

1）通过 Pig -x local 指令进入到本地模式，可以通过观察日志信息 Connecting to hadoop file system at: file:///判断是否进入到本地模式，如下所示。

```
[ylw@localhosthadoop]$ pig -x local
2022-09-03 09:29:11,494 INFO pig.ExecTypeProvider: Trying ExecType : LOCAL
2022-09-03 09:29:11,495 INFO pig.ExecTypeProvider: Picked LOCAL as the Exec-
Type
2022-09-03 09:29:11,658 [main] INFO  org.apache.pig.Main - Apache Pig version
0.17.0 (r1797386) compiled Jun 02 2017, 15:41:58
2022-09-03 09:29:11,658 [main] INFO  org.apache.pig.Main - Logging error
messages to: /home/ylw/usr/local/hadoop/pig_1662168551657.log
2022-09-03 09:29:11,688 [main] INFO  org.apache.pig.impl.util.Utils - Default
bootup file /home/ylw/.pigbootup not found
2022-09-03 09:29:11,954 [main] INFO  org.apache.hadoop.conf.Configuration.
deprecation - mapred.job.tracker is deprecated. Instead, use mapreduce.jobtracker.
address
2022-09-03 09:29:11,956 [main] INFO org.apache.pig.backend.hadoop. execution-
engine. HExecutionEngine - Connecting to hadoop file system at: file:///
2022-09-03 09:29:12,118 [main] INFO  org.apache.hadoop.conf.Configuration.
deprecation - io.bytes.per.checksum is deprecated. Instead, use dfs.bytes-per-checksum
2022-09-03 09:29:12,176 [main] INFO  org.apache.pig.PigServer - Pig Script ID
for the session: PIG-default-b24166bc-3471-4c9d-9f0f-5c9503b71d30
2022-09-03 09:29:12,176 [main] WARN org.apache.pig.PigServer - ATS is disabled
since yarn.timeline-service.enabled set to false
grunt>
```

2）通过指令 ls 可以打印出 Linux 本地的文件，如下所示。

```
grunt> ls
file:/home/ylw/.mozilla <dir>
file:/home/ylw/.bash_logout<r 1>      18
file:/home/ylw/.bashrc<r 1>      231
file:/home/ylw/.cache  <dir>
file:/home/ylw/.dbus  <dir>
file:/home/ylw/.config  <dir>
file:/home/ylw/.ICEauthority<r 1>      1860
file:/home/ylw/.local  <dir>
```

```
file:/home/ylw/.esd_auth<r 1>   16
file:/home/ylw/桌面<dir>
file:/home/ylw/下载<dir>
file:/home/ylw/模板<dir>
file:/home/ylw/公共<dir>
file:/home/ylw/文档<dir>
file:/home/ylw/音乐<dir>
file:/home/ylw/图片<dir>
```

（2）集群模式

Pig 的集群模式操作的是 HDFS 文件系统上的文件，下面介绍如何进入集群模式。

1）在使用 Pig 的集群模式之前需要将 Pig 链接到 HDFS 上，通过全局变量的配置来实现 Pig 链接 HDFS，通过 vi ~/.bash_profile 进入全局变量的配置页面。

```
[ylw@localhost~]$ vi ~/.bash_profile
```

2）在全局变量配置页面添加如下内容。

```
#Pig 链接到 Hadoop 的 HDFS 上
export PIG_CLASSPATH=/home/ylw/usr/local/hadoop/etc/hadoop
```

3）退出全局配置页面之后，通过 source ~/.bash_profile 指令激活全局变量。

```
[ylw@localhost~]$source ~/.bash_profile
```

4）在添加完环境变量之后，通过 Pig 指令进入到集群模式，观察是否有日志信息 Connecting to hadoop file system at: hdfs://192.168.56.101:9000，如有则表示进入了 Pig 集群模式。

```
[ylw@localhost~]$ pig
2022-09-03 09:35:33,844 INFO pig.ExecTypeProvider: Trying ExecType : LOCAL
2022-09-03 09:35:33,845 INFO pig.ExecTypeProvider: Trying ExecType : MAPRED-
UCE
2022-09-03 09:35:33,845 INFO pig.ExecTypeProvider: Picked MAPREDUCE as the
ExecType
2022-09-03 09:35:33,965 [main] INFO  org.apache.pig.Main - Apache Pig versi-
on 0.17.0 (r1797386) compiled Jun 02 2017, 15:41:58
2022-09-03 09:35:33,965 [main] INFO  org.apache.pig.Main - Logging error
messages to: /home/ylw/pig_1662168933946.log
2022-09-03 09:35:34,005 [main] INFO  org.apache.pig.impl.util.Utils - Defa-
ult bootup file /home/ylw/.pigbootup not found
2022-09-03 09:35:34,587 [main] INFO  org.apache.hadoop.conf.Configuration.
deprecation - mapred.job.tracker is deprecated. Instead, use mapreduce.jobtracker.
address
2022-09-03 09:35:34,587 [main] INFO  org.apache.pig.backend.hadoop. execu-
tionengine.HExecutionEngine - Connecting to hadoop file system at: hdfs:// 192.168.
56.101:9000
2022-09-03 09:35:35,378 [main] INFO  org.apache.pig.PigServer - Pig Script
ID for the session: PIG-default-c7983f4f-0a67-44f6-84fc-7e3278f8a0f5
```

```
2022-09-03 09:35:35,378 [main] WARN org.apache.pig.PigServer-ATS is disabled
since yarn.timeline-service.enabled set to false
     grunt>
```

5）通过指令 ls 可以打印出 HDFS 上的文件，如下所示。

```
grunt> ls
hdfs://192.168.56.101:9000/user/ylw/input        <dir>
hdfs://192.168.56.101:9000/user/ylw/test         <dir>
```

3. 以 Pig 的集群模式为例来介绍对学生信息的处理

（1）加载数据

1）通过在 Grunt shell 中执行以下 Pig Latin 语句，使用 LOAD 运算符将文件 TestData.csv 中的数据加载到 stu 关系中，如下所示。

```
grunt>stu = load '/user/ylw/test/TestData.csv' using PigStorage(',')
>>      as(sid:int,sname:chararray,sex:chararray,sbirth:chararray,smajor:chararray);
```

2）使用 DESCRIBE 运算符查看 stu 关系的模式，如下所示。

```
grunt> describe stu;
stu: {sid: int,sname: chararray,sex: chararray,sbirth: chararray,smajor: ch-
ararray}
```

3）使用 DUMP 运算符查看 stu 关系中的数据内容，如下所示。

```
grunt> dump stu;
2022-09-03  09:41:03,038  [main]  WARN    org.apache.hadoop.metrics2.impl.
MetricsSystemImpl - JobTracker metrics system already initialized!
    2022-09-03 09:41:03,052 [main] INFO org.apache.pig.backend.hadoop.executionengine.
mapReduceLayer.MapReduceLauncher - Success!
    2022-09-03 09:41:03,055 [main] WARN  org.apache.pig.data.SchemaTupleBackend -
SchemaTupleBackend has already been initialized
    2022-09-03 09:41:03,071 [main] INFO   org.apache.hadoop.mapreduce.lib.input.
FileInputFormat - Total input files to process : 1
    2022-09-03 09:41:03,071 [main] INFO org.apache.pig.backend.hadoop.executionengine.
util.MapRedUtil - Total input paths to process : 1
    2022-09-03 09:41:03,078 [main] INFO  org.apache.hadoop.hdfs.protocol.datatransfer.
sasl.SaslDataTransferClient - SASL encryption trust check: localHostTrusted = false,
remoteHostTrusted = false
    (20220828,路人 0828,男,2000/1/10,软件工程)
    (20220829,路人 0829,男,2000/4/11,计算机科学与技术)
    (20220830,路人 0830,男,2000/7/12,物联网技术)
    (20220831,路人 0831,男,2000/11/13,软件工程)
    (20220901,路人 0901,女,2000/3/14,计算机科学与技术)
    (20220902,路人 0902,男,2000/4/15,人工智能)
    (20220903,路人 0903,女,2000/1/16,软件工程)
    (20220904,路人 0904,女,2000/6/17,大数据技术)
```

```
(20220905,路人 0905,男,2000/8/18,物联网技术)
(20220906,路人 0906,男,2000/9/19,软件工程)
(20220907,路人 0907,,2000/1/20,计算机科学与技术)
(20220908,路人 0908,男,2000/12/21,区块链)
```

（2）查询学生信息

1）从关系 stu 中获取每个学生的 sid、sname 和 smajor 值，使用 FOREACH 运算符将它存储到另一个名为 stu_info 关系中，如下所示。

```
grunt>stu_info = foreach stu generate sid,sname,smajor;
```

2）使用 DESCRIBE 运算符查看 stu_info 关系的模式，如下所示。

```
grunt> describe stu_info;
stu_info: {sid: int,sname: chararray,smajor: chararray}
```

3）使用 DUMP 运算符查看 stu_info 关系中的数据，如下所示。

```
grunt> dump stu_info;
2022-09-03 09:44:23,823 [main] WARN  org.apache.hadoop.metrics2.impl. MetricsSystemImpl - JobTracker metrics system already initialized!
2022-09-03 09:44:23,826 [main] INFO  org.apache.pig.backend.hadoop. executionengine.mapReduceLayer.MapReduceLauncher - Success!
2022-09-03 09:44:23,827 [main] WARN  org.apache.pig.data.SchemaTupleBackend - SchemaTupleBackend has already been initialized
2022-09-03 09:44:23,837 [main] INFO  org.apache.hadoop.mapreduce.lib.input. FileInputFormat - Total input files to process : 1
2022-09-03 09:44:23,837 [main] INFO  org.apache.pig.backend.hadoop.executionengine.util.MapRedUtil-Total input paths to process : 1
2022-09-03 09:44:23,851 [main] INFO  org.apache.hadoop.hdfs.protocol. datatransfer.sasl.SaslDataTransferClient - SASL encryption trust check: localHostTrusted = false, remoteHostTrusted = false
(20220828,路人 0828,软件工程)
(20220829,路人 0829,计算机科学与技术)
(20220830,路人 0830,物联网技术)
(20220831,路人 0831,软件工程)
(20220901,路人 0901,计算机科学与技术)
(20220902,路人 0902,人工智能)
(20220903,路人 0903,软件工程)
(20220904,路人 0904,大数据技术)
(20220905,路人 0905,物联网技术)
(20220906,路人 0906,软件工程)
(20220907,路人 0907,计算机科学与技术)
(20220908,路人 0908,区块链)
```

（3）学生信息排序

1）根据学生的 ID 以降序排序，并使用 ORDER BY 运算符将它存储到另一个名为 stu_info_desc 的关系中，如下所示。

```
grunt>stu_info_desc = order stu_info by sid desc;
```

2）使用 DESCRIBE 运算符查看 stu_info_desc 关系的模式，如下所示。

```
grunt> describe stu_info_desc;
stu_info_desc: {sid: int,sname: chararray,smajor: chararray}
```

3）使用 DUMP 运算符打印出 stu_info_desc 关系中的数据内容，如下所示。

```
grunt> dump stu_info_desc;
2022-09-03 09:47:12,427 [main] WARN   org.apache.hadoop.metrics2.impl.Metr-
icsSystemImpl - JobTracker metrics system already initialized!
2022-09-03 09:47:12,430 [main] INFO   org.apache.pig.backend.hadoop.executi-
onengine.mapReduceLayer.MapReduceLauncher - Success!
2022-09-03 09:47:12,431 [main] WARN   org.apache.pig.data.SchemaTupleBackend -
SchemaTupleBackend has already been initialized
2022-09-03 09:47:12,437 [main] INFO   org.apache.hadoop.mapreduce.lib.input.
FileInputFormat - Total input files to process : 1
2022-09-03 09:47:12,437 [main] INFO   org.apache.pig.backend.hadoop.executi-
onengine.util.MapRedUtil - Total input paths to process : 1
2022-09-03 09:47:12,439 [main] INFO   org.apache.hadoop.hdfs.protocol.datatr-
ansfer.sasl.SaslDataTransferClient - SASL encryption trust check: localHostTrusted =
false, remoteHostTrusted = false
(20220908,路人 0908,区块链)
(20220907,路人 0907,计算机科学与技术)
(20220906,路人 0906,软件工程)
(20220905,路人 0905,物联网技术)
(20220904,路人 0904,大数据技术)
(20220903,路人 0903,软件工程)
(20220902,路人 0902,人工智能)
(20220901,路人 0901,计算机科学与技术)
(20220831,路人 0831,软件工程)
(20220830,路人 0830,物联网技术)
(20220829,路人 0829,计算机科学与技术)
(20220828,路人 0828,软件工程)
```

（4）学生信息存储

1）使用 STORE 运算符将加载的数据存储在文件系统（HDFS）中。执行 STORE 语句后，获得以下输出。使用指定的名称创建目录，并将数据存储在其中。注意，STORE 指定的目录是不存在的目录。

```
grunt> STORE stu_info_desc into 'hdfs://192.168.56.101:9000/user/ylw/pig_
Out/' using PigStorage(',');
2022-09-03 09:48:59,106 [main] WARN   org.apache.hadoop.metrics2.impl.Metri-
csSystemImpl - JobTracker metrics system already initialized!
2022-09-03 09:48:59,107 [main] WARN   org.apache.hadoop.metrics2.impl.Metri-
csSystemImpl - JobTracker metrics system already initialized!
2022-09-03 09:48:59,108 [main] WARN   org.apache.hadoop.metrics2.impl.Met-
```

```
ricsSystemImpl - JobTracker metrics system already initialized!
        2022-09-03 09:48:59,110 [main] WARN   org.apache.hadoop.metrics2.impl.Metri-
csSystemImpl - JobTracker metrics system already initialized!
        2022-09-03 09:48:59,111 [main] WARN   org.apache.hadoop.metrics2.impl.Metri-
csSystemImpl - JobTracker metrics system already initialized!
        2022-09-03 09:48:59,112 [main] WARN   org.apache.hadoop.metrics2.impl.Metri-
csSystemImpl - JobTracker metrics system already initialized!
        2022-09-03 09:48:59,114 [main] WARN   org.apache.hadoop.metrics2.impl.Metri-
csSystemImpl - JobTracker metrics system already initialized!
        2022-09-03 09:48:59,115 [main] WARN   org.apache.hadoop.metrics2.impl.Metri-
csSystemImpl - JobTracker metrics system already initialized!
        2022-09-03 09:48:59,116 [main] WARN   org.apache.hadoop.metrics2.impl.Metri-
csSystemImpl - JobTracker metrics system already initialized!
        2022-09-03 09:48:59,126 [main] INFO   org.apache.pig.backend.hadoop.executionengine.
mapReduceLayer.MapReduceLauncher - Success!
```

2）使用 ls 命令列出名为 Pig_Out 目录中的文件，可以观察到在执行 STORE 语句后创建了两个文件，如下所示。

```
grunt> ls hdfs://192.168.56.101:9000/user/ylw/pig_Out
hdfs://192.168.56.101:9000/user/ylw/pig_Out/_SUCCESS<r 1>        0
hdfs://192.168.56.101:9000/user/ylw/pig_Out/part-r-00000<r 1>    438
```

3）使用 cat 命令，打印出 part-r-00000 文件的内容，如下所示。

```
grunt> cat hdfs://192.168.56.101:9000/user/ylw/pig_Out/part-r-00000
        2022-09-03 10:04:49,326 [main] INFO   org.apache.hadoop.hdfs.protocol.datatr-
ansfer.sasl.SaslDataTransferClient - SASL encryption trust check: localHostTrusted =
false, remoteHostTrusted = false
        20220908,路人0908,区块链
        20220907,路人0907,计算机科学与技术
        20220906,路人0906,软件工程
        20220905,路人0905,物联网技术
        20220904,路人0904,大数据技术
        20220903,路人0903,软件工程
        20220902,路人0902,人工智能
        20220901,路人0901,计算机科学与技术
        20220831,路人0831,软件工程
        20220830,路人0830,物联网技术
        20220829,路人0829,计算机科学与技术
        20220828,路人0828,软件工程
```

9.2   OpenRefine

有三款较为常用的、免费的数据清洗工具：OpenRefine、Weka、Data Wrangler。其中 Weka 是各种机器学习算法的集合，主要用于数据挖掘。Data Wrangler 是基于网络的在线工具，使用 Data Wrangler 必须把数据上传到外部网站进行处理，对于敏感的内部数据，Data Wrangler 不是理

想的选择。OpenRefine 是一款开源的支持全平台的数据清洗工具，用户使用该软件能够轻松地对数据进行整理和清洗，并且 OpenRefine 会把杂乱的数据转换成表格形式来进行处理，此外还支持导出多种格式的文件。下面主要介绍 OpenRefine 工具。

9.2.1　OpenRefine 概述

OpenRefine 最初叫作 Freebase，由 Meta Web Technologies 公司进行研发，后在 2010 年由谷歌公司（Google）收购并更名为 GoogleRefine，于 2012 年开放源代码，改名为现在的 OpenRefine。OpenRefine 是一款基于计算机浏览器的开源的数据清洗软件，可以在计算机本地直接运行，避免上传指定信息到外部服务器的问题。OpenRefine 是在数据清洗、数据探索以及数据转换方面非常有效的交互数据转换工具（Interface Data Transformation Tools，IDTs），它类似于传统 Excel 处理软件，但是工作方式更像是数据库，以列和字段的方式工作，而不是以单元格的方式工作。OpenRefine 是基于 Java 开发的可视化工具，用户可以在操作界面上直接进行数据清理和数据转换等操作，它支持 Windows、Linux 和 Mac OS 系统，并提供中文、英文等多种语言支持，可以让用户在没有专业编程技术的背景下直接快速地进行数据处理。OpenRefine 的 Logo 如图 9-4 所示。

图 9-4　OpenRefine 的 Logo

9.2.2　OpenRefine 创建项目

OpenRefine 是基于 Java 环境的，因此要保证系统上有 Java 环境；若没有 Java 环境，在默认情况下 OpenRefine 会分配 1GB 内存给 Java 环境。截至本书完稿时，OpenRefine 官网的最新版本为 3.6.1。本小节以 OpenRefine 3.6.1 为例，演示如何在装有 Windows 系统的计算机中下载与安装 OpenRefine 工具。

1）从 OpenRefine 官网下载 Windows 版本的压缩包，如图 9-5 所示。

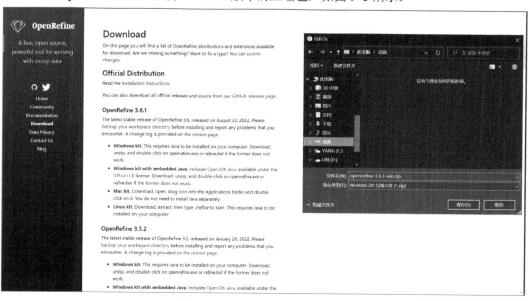

图 9-5　OpenRefine 官网下载界面

2）解压下载的 openrefine-3.6.1-win.zip 文件，如图 9-6 所示。

名称	修改日期	类型	大小
licenses	2022/8/22 19:46	文件夹	
server	2022/8/22 19:53	文件夹	
webapp	2022/8/22 19:53	文件夹	
LICENSE.txt	2022/8/22 19:46	文本文档	2 KB
licenses.xml	2022/8/22 19:50	XML 文档	13 KB
openrefine.exe	2022/8/22 19:53	应用程序	100 KB
openrefine.l4j.ini	2022/8/22 19:46	配置设置	1 KB
README.md	2022/8/22 19:46	MD 文件	4 KB
refine.bat	2022/8/22 19:46	Windows 批处理...	9 KB
refine.ini	2022/8/22 19:46	配置设置	2 KB

图 9-6　OpenRefine 安装包内容界面

3）运行 openrefine.exe 可执行文件，运行结果如图 9-7 所示。

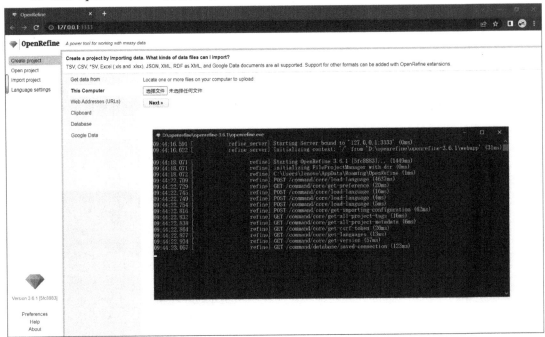

图 9-7　OpenRefine 运行界面

4）OpenRefine 支持多种语言切换，可以将 OpenRefine 的语言切换为中文，如图 9-8 所示。

5）单击新建项目，可以看到 OpenRefine 支持的文件格式，如 CSV、TSV、Excel 等，也可以根据数据源的不同进行上传文件，本小节以本地文件上传为例进行项目创建，选择好上传的文件，单击下一步，如图 9-9 所示。

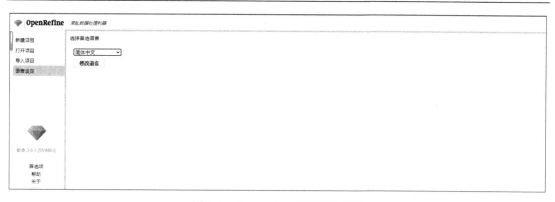

图 9-8　OpenRefine 语言切换界面

图 9-9　OpenRefine 新建项目界面

6）单击下一步会进入到数据显示页面，有数据的字符编码、数据列的分割方式等操作，对于这些操作，一般默认选项不进行更改。最后单击右上角的新建项目，如图 9-10 所示。

图 9-10　OpenRefine 导入数据显示界面

7）单击新建项目之后，进入到数据处理界面，在此界面可以进行数据的清洗，如图 9-11 所示。

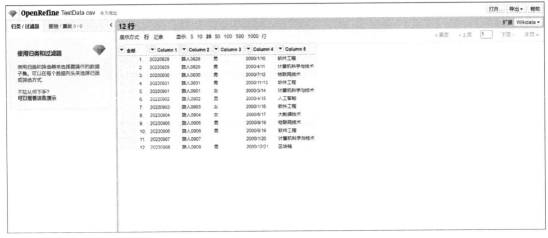

图 9-11　OpenRefine 数据处理界面

9.2.3　OpenRefine 的基本使用

本小节介绍 OpenRefine 的主要功能，从数据导入、导出到数据处理，从历史操作使用到内存管理，让读者快速熟悉 OpenRefine。

1．OpenRefine 的运行界面

运行 OpenRefine 界面左侧有四个标签页。

- 新建项目（Create Project）：将一个数据集导入到 OpenRefine，数据集来源可以为本机、网址（Web Addresses，URLs）、剪切板（Clipboard）、数据库（Database）、Google 数据（Google Data）等多种形式，其中 OpenRefine 支持支持 TSV、CSV、*SV、Excel（.xls，.xlsx）、JSON、XML、RDF data (JSON-LD, N3, N-Triples, Turtle, RDF/XML)等格式，其他格式可以通过添加 refine 扩展来支持。
- 打开项目（Open Project）：打开先前在 OpenRefine 已存在的项目。
- 导入项目（Import Project）：导入一个已有的 OpenRefine 存档，打开的存档包含项目创建后所有的数据操作记录。
- 语言设定（Language Settings）：OpenRefine 支持多种语言切换，使用此功能可以进行 OpenRefine 的语言切换。

2．OpenRefine 操作列

列是 OpenRefine 中的基本元素：具有同一属性的成千上万的值的集合。下面简单介绍操作列的方法。

- 归类（Facet）：数据归类并不改变数据，但是可以获得数据集的有用信息。可以把数据归类看作是多方面查看数据的方法，就像从不同的角度观察宝石一样。数据归类有对字符串进行文本归类（Text facet）、数字归类（Numeric facet）、时间轴归类（Timeline facet）自定义归类（Customized facets）等。

- 文本过滤器（Text filter）：寻找匹配某个特定字符串的行时，最简单的方法是使用文本过滤功能。
- 编辑单元格（Edit cells）：可通过 Edit cells 菜单对数据进行修改。单元格编辑有删除首尾空格（Common transforms|Trimming whitespace）、连续空格只保留一个（Common transforms|Collapse consecutive whitespace）、解析 HTML 标记（Common transforms|Unescape HTML entities）、大小写转换（Common transforms |To uppercase）等功能。
- 编辑列（Edit column）：此菜单可以对数据列进行分隔（Spilt into sevbreal columns）、生成新列（Add column base on this column）、重命名列（Rename this column）、删除列（Remove this column）、移动列至末尾（Move column to end）等多种操作。
- 变换列（Transpose）：此菜单可实现将不同列中的单元格转换为行，将行中的单元格转换为列等操作。
- 排序（Sort）：单元格值可以按照文本（区别大小写或者不区别）、数字、日期、布尔值排序，对每个类别有两种不同的排序方式。文本（Text）：从 a 到 z 排序或者从 z 到 a 排序；数字（Numbers）：升序或者降序；日期（Dates）：日期升序或者日期降序；布尔值（Booleans）：false 值先于 true 值或 true 值先于 false 值。
- 视图（View）：此菜单中的功能可以将数据列进行收起或展开，可以更方便地查看所需的数据列。
- 搭配（Reconcile）：此菜单可以对当前数据集与外部数据集进行匹配，外部数据集可以是由图书馆、博物馆、科学机构等产生的数据集。

3．OpenRefine 项目操作历史

OpenRefine 可以在项目创建后保存所有的操作步骤。即使发现数据处理错了，也可以撤销该操作来恢复数据。如果使用项目操作历史功能，在项目创建后左侧的 Undo/Redo 标签页中操作，如图 9-12 所示。

4．OpenRefine 项目导出

使用 OpenRefine 处理完数据后，可以将数据导出，只需要在界面右上角单击导出（Export）进行操作。可以将数据导出为常用格式，如 CSV、TSV、Excel（.xls，.xlsx）以及 RDF 格式等，还可以导出 OpenRefine 的压缩包（OpenRefine project archive to file），将文件以表格的形式发布到互联网上（HTML table），自定义导出设置（Custom tabular exporter and templating）等。

图 9-12　OpenRefine 历史操作界面

5．OpenRefine 分配更多运行内存

对于大数据集，OpenRefine 会运行缓慢或者提示内存不够，这时候需要分配给 OpenRefine

更多的内存，由于 OpenRefine 支持多平台使用，下面分别介绍在 Windows、Linux、MacOS 上如何分配内存给 OpenRefine。

（1）Windows

在 OpenRefine 文件夹下找到并打开 openrefine.l4j.ini 文件，找到以-Xmx1024 开始的一行，默认情况下分配内存为 1024MB，将-Xmx1024 修改为-Xmx2048，分配内存为 2048MB，之后重新打开 OpenRefine 后生效。

（2）Linux

在根目录下找到隐藏文件.bashrc，在文件中添加一行代码，代码如下。

```
Alias refine = 'cd path_to_refine; ./refine -m 2048M'
```

其中 path_to_refine 为 OpenRefine 的安装目录。

（3）MacOS

由于 MacOS 将配置文件隐藏了，所以首先关闭 OpenRefine，按〈Ctrl〉键然后单击 OpenRefine 图标，在弹出菜单中选择 Show package contents，然后在 Contents 文件夹中找到 info.plist 文件并打开，在其中找到 VMOptions 项，找到以-Xmx 开头的设置项，将默认的 1024MB 按自己需要修改，比如改为-Xmx 2048MB。

9.3 实践案例：使用 Pig 和 OpenRefine 预处理二手房数据

本案例的二手房数据采用的是链家网上海地区 2018 年 9 月份的数据，共计 77857 条记录。二手房部分数据如图 9-13 所示。数据集中共用 11 个字段，包括编号、单价、总价、首付、基本属性、建成时间、交易属性、经纬度、行政区、板块、小区名称。本实践案例将从以下七个步骤对数据进行清洗：选择子集、重命名列名、删除重复项、缺失值处理、一致化处理、数据排序、异常值处理。其中选择子集根据问题保留和问题相关度比较高的字段，分别为编号、单价、基本

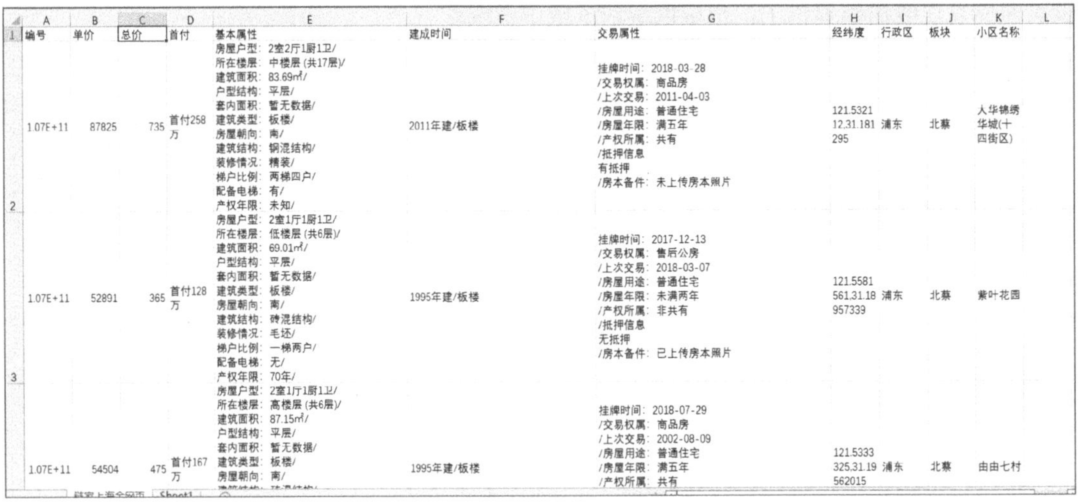

编号	单价	总价	首付	基本属性	建成时间	交易属性	经纬度	行政区	板块	小区名称
1.07E+11	87825	735	首付258万	房屋户型：2室2厅1厨1卫/ 所在楼层：中楼层（共17层）/ 建筑面积：83.69㎡/ 户型结构：平层/ 套内面积：暂无数据/ 建筑类型：板楼/ 房屋朝向：南/ 建筑结构：钢混结构/ 装修情况：精装/ 梯户比例：两梯四户/ 配备电梯：有/ 产权年限：未知/	2011年建/板楼	挂牌时间：2018-03-28 /交易权属：商品房 /上次交易：2011-04-03 /房屋用途：普通住宅 /房屋年限：满五年 /产权所属：共有 /抵押信息 有抵押 /房本备件：未上传房本照片	121.5321 12,31.181 295	浦东	北蔡	大华锦绣华城(十四街区)
1.07E+11	52891	365	首付128万	房屋户型：2室1厅1厨1卫/ 所在楼层：低楼层（共6层）/ 建筑面积：69.01㎡/ 户型结构：平层/ 套内面积：暂无数据/ 建筑类型：板楼/ 房屋朝向：南/ 建筑结构：砖混结构/ 装修情况：毛坯/ 梯户比例：一梯两户/ 配备电梯：无/ 产权年限：70年/	1995年建/板楼	挂牌时间：2017-12-13 /交易权属：售后公房 /上次交易：2018-03-07 /房屋用途：普通住宅 /房屋年限：未满两年 /产权所属：非共有 /抵押信息 无抵押 /房本备件：已上传房本照片	121.5581 561,31.18 957339	浦东	北蔡	紫叶花园
1.07E+11	54504	475	首付167万	房屋户型：2室1厅1厨1卫/ 所在楼层：高楼层（共6层）/ 建筑面积：87.15㎡/ 户型结构：平层/ 套内面积：暂无数据/ 建筑类型：板楼/ 房屋朝向：南/	1995年建/板楼	挂牌时间：2018-07-29 /交易权属：商品房 /上次交易：2002-08-09 /房屋用途：普通住宅 /房屋年限：满五年 /产权所属：共有	121.5333 325,31.19 562015	浦东	北蔡	由由七村

图 9-13　二手房部分数据

属性、建成时间、行政区、板块；不相关的字段暂时做隐藏处理。一致化处理将户型从基本属性中提取出来，将房屋的建成时间和楼型提取出来。最终会将原始数据处理为含有编号、单价、户型、建成时间、楼型、行政区、板块、小区名称的数据集。下面分别使用 Pig 和 OpenRefine 来进行数据的预处理。

1. 使用 Pig 对二手房数据进行数据预处理

1）加载数据，使用 LOAD 运算符将二手房数据从 HDFS 加载到 second_house 关系中，并使用 DESCRIBE 运算符查看 second_house 关系的模式（结构）。

```
grunt>second_house = load '/user/ylw/test/real_data.csv' using PigStorage
(',')as(h_id:chararray,h_unit_price:int,h_all_price:int,h_down_payment:chararray,h_a-
ttribute:chararray,h_completed_year:chararray,h_transaction_attribute:chararray,h_lon-
gitude_and_latitude_1:chararray,h_longitude_and_latitude_2:chararray,h_district:chara
rray,h_area:chararray,h_residential_quarters:chararray);
    grunt> describe second_house;
    second_house: {h_id: chararray,h_unit_price: int,h_all_price: int,
    h_down_payment: chararray,h_attribute: chararray,h_completed_year: chararray,
h_transaction_attribute: chararray,h_longitude_and_latitude: chararray,h_district: ch-
ararray,h_area: chararray,h_residential_quarters: chararray}
```

2）使用字符串处理 SUBSTRING()函数将房屋户型从基本属性中提取出来，并通过 FOREACH GENERATE 运算符将编号、房屋户型存储到 second_house_type 关系中，并使用 DESCRIBE 运算符查看 second_house_type 关系的模式。

```
grunt>second_house_type = foreach second_house generate h_id,SUBSTRING(h_
attribute, 7,13) as house_type;
    grunt> describe second_house_type;
    second_house_type: {h_id: chararray,house_type: chararray}
```

3）观察到建成时间列中的房屋建成时间和楼型是以"/"分隔的，所以使用字符串处理函数 STRSPLIT()将房屋建成时间和楼型分隔，然后通过元组构建函数 TUPLE()将其构建为两列。最后通过 FOREACH GENERATE 运算符将编号、建成时间、楼型存储到 second_house_BuildingType_CompletedYear 关系中，并使用 DESCRIBE 运算符查看 second_house_BuildingType_CompletedYear 关系的模式。

```
grunt>second_house_BuildingType_CompletedYear = foreach second_house gener-
ate h_id,STRSPLIT(h_completed_year,'/',2) as tuple(BuildingType:chararray,Completed-
Year:chararray);
    grunt> describe second_house_BuildingType_CompletedYear;
    second_house_BuildingType_CompletedYear: {h_id: chararray,tuple_0: (Build-
ingType: bytearray,CompletedYear: bytearray)}
```

4）将不需要处理并保留的列通过 FOREACH GENERATE 运算符存储到 second_house_other 关系中，并使用 DESCRIBE 运算符查看 second_house_other 关系的模式。

```
grunt>second_house_other = foreach second_house generate h_id,h_unit_price,
h_district,h_area,h_residential_quarters;
    grunt> describe second_house_other;
    second_house_other: {h_id: chararray,h_unit_price: int,h_district: chararray,
h_area: chararray,h_residential_quarters: chararray}
```

5）使用 JOIN 运算符，通过编号作为连接关键字（key）将 second_house_other、second_house_BuildingType_CompletedYear、second_house_type 连接。

```
grunt>second_house_new = JOIN second_house_other by h_id,second_house_Build-
ingType_ CompletedYear by h_id,second_house_type by h_id;
    grunt> describe second_house_new;
    second_house_new: {second_house_other::h_id: chararray,second_house_other::
h_unit_price:   int,second_house_other::h_district:   chararray,second_house_other::h_
area:  chararray,second_house_other::h_residential_quarters:   chararray,second_house_
BuildingType_CompletedYear::h_id: chararray,second_house_BuildingType_CompletedYear::
tuple_0: (BuildingType: chararray,CompletedYear:  chararray),second_house_type::h_id:
chararray,second_house_type::house_type: chararray}
```

6）验证数据处理结果是否达到预期。将原始数据处理为含有编号，单价，户型，建成时间，楼型，行政区，板块，小区名称的数据集，使用 FOREACH GENERATE 运算符查询处理后的数据集。由于数据过多，使用 LIMIT 运算符展示前三行数据。

```
grunt>second_house_new_end = foreach second_house_new generate second_house_
other::h_id,h_unit_price,house_type,tuple_0.BuildingType,tuple_0.CompletedYear,h_dist-
rict,h_area,h_residential_quarters;
    grunt>second_house_end = limit second_house_new_end3;
    grunt> dump second_house_end;
    2022-09-04 17:14:50,702 [main] WARN   org.apache.hadoop.metrics2.impl.Met-
ricsSystemImpl - JobTracker metrics system already initialized!
    2022-09-04 17:14:50,709 [main] WARN  org.apache.hadoop.metrics2.impl.MetricsSys-
temImpl - JobTracker metrics system already initialized!
    2022-09-04   17:14:50,710   [main]   WARN     org.apache.hadoop.metrics2.impl.
MetricsSystemImpl - JobTracker metrics system already initialized!
    2022-09-04 17:14:50,713 [main] INFO   org.apache.pig.backend.hadoop.executio-
nengine.mapReduceLayer.MapReduceLauncher - Success!
    2022-09-04 17:14:50,714 [main] WARN   org.apache.pig.data.SchemaTupleBackend -
SchemaTupleBackend has already been initialized
    2022-09-04 17:14:50,723 [main] INFO   org.apache.hadoop.mapreduce.lib.input.
FileInputFormat - Total input files to process : 1
    2022-09-04 17:14:50,723 [main] INFO   org.apache.pig.backend.hadoop.executi-
onengine.util.MapRedUtil - Total input paths to process : 1
    2022-09-04 17:14:50,737 [main] INFO   org.apache.hadoop.hdfs.protocol.datat-
ransfer.sasl.SaslDataTransferClient - SASL encryption trust check: localHostTrusted =
```

false, remoteHostTrusted = false

   (1.071E+11,87825,2 厅 1 厨 1 卫,2011 年建,板楼,浦东,北蔡,大华锦绣华城(十四街区))

   (1.07002E+11,52891,1 厅 1 厨 1 卫,1995 年建,板楼,浦东,北蔡,紫叶花园)

   (1.07101E+11,54504,1 厅 1 厨 1 卫,1995 年建,板楼,浦东,北蔡,由由七村)

 7）数据存储。将处理后的数据通过 STORE 运算符保存到文件系统中（此处为 HDFS）。需要注意的是 STORE 指定的目录是不存在的目录。

```
grunt> Store second_house_new_end into 'hdfs://192.168.56.101:9000/user/
ylw/test/Out/' using PigStorage(',');
```

```
2022-09-04 17:23:48,939 [main] WARN  org.apache.hadoop.metrics2.impl.Met-
ricsSystemImpl - JobTracker metrics system already initialized!
2022-09-04 17:23:48,941 [main] WARN  org.apache.hadoop.metrics2.impl.Met-
ricsSystemImpl - JobTracker metrics system already initialized!
2022-09-04 17:23:48,942 [main] WARN  org.apache.hadoop.metrics2.impl.Met-
ricsSystemImpl - JobTracker metrics system already initialized!
2022-09-04 17:23:48,958 [main] INFO  org.apache.pig.backend.hadoop.exe-
cutionengine.mapReduceLayer.MapReduceLauncher - Success!
```

 8）验证数据存储是否成功。退出 Pig，使用 hdfsdfs -ls 命令列出名为 Out 目录中的文件，可以观察到在执行 STORE 语句后创建了两个文件，使用 hdfs -dfs -cat 命令打印出 part-r-00000 文件内容，由于数据过多，此处只列出前三行数据。

```
[ylw@localhosthadoop]$hdfsdfs -ls /user/ylw/test/Out/
Found 2 items
-rw-r--r--  1 ylw supergroup  0 2022-09-04 17:23 /user/ylw/test/Out/ _SUCCESS
-rw-r--r--  1 ylw supergroup  246 2022-09-04 17:23  /user/ylw/test/Out/partr-
00000
```

```
[ylw@localhosthadoop]$hdfs-dfs -cat /user/ylw/test/Out/part-r-00000
2022-09-04 17:25:33,381 INFO sasl.SaslDataTransferClient: SASL encryption
trust check: localHostTrusted = false, remoteHostTrusted = false
```

  1.071E+11,87825,2 厅 1 厨 1 卫,2011 年建,板楼,浦东,北蔡,大华锦绣华城(十四街区)

  1.07002E+11,52891,1 厅 1 厨 1 卫,1995 年建,板楼,浦东,北蔡,紫叶花园

  1.07101E+11,54504,1 厅 1 厨 1 卫,1995 年建,板楼,浦东,北蔡,由由七村

2. 使用 OpenRefine 对二手房数据进行预处理

 1）导入数据，将二手房数据导入到 OpenRefine 软件工具中，最终数据导入结果如图 9-14 所示。

 2）将不需要的数据列进行删除。选择"编辑列"→"移除该列"，数据列删除步骤如图 9-15 所示。

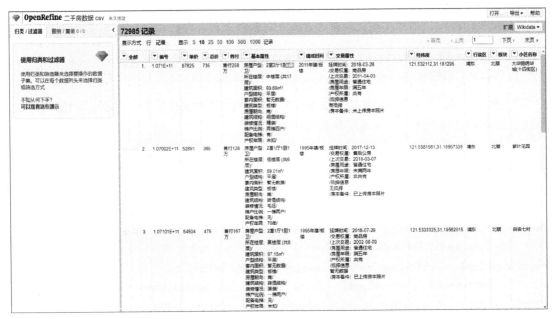

图 9-14　数据预处理界面

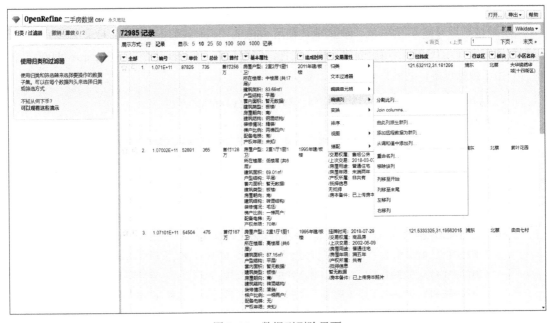

图 9-15　数据列删除界面

3）使用 substring()函数将房屋户型从基本属性列中提取出来，选择"基本属性列"→"编辑单元格"→"转换"，出现自定义文本转换界面，如图 9-16 所示。

4）建成时间列中的房屋建成时间和楼型是以"/"分隔的，所以使用 rpartition()函数将房屋建成时间和楼型分隔，最后使用 toString()函数将分隔后的结果转换为字符串。选择"建成时间列"→"编辑单元格"→"转换"，出现自定义文本转换界面。如图 9-17 所示。

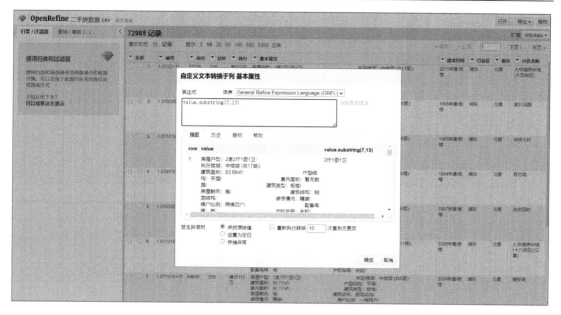

图 9-16　基本属性列字符串截取界面

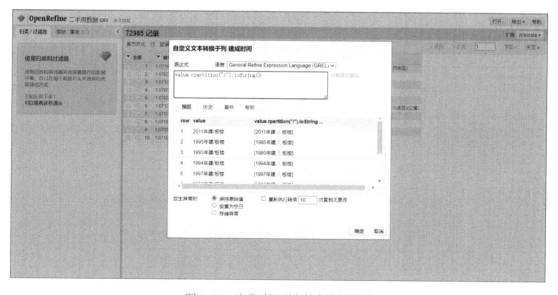

图 9-17　建成时间列字符串分隔界面

5）将分隔后的建成时间列的内容，通过 OpenRefine 分割功能将其分为三列。选择"建成时间列"→"编辑列"→"分割此列"，如图 9-18 所示。

6）分割结果如图 9-19 所示，将列"建成时间 2"进行删除，对于列"建成时间 1"和"建成时间 3"进行字符串处理，使用 substring() 函数删除多余字符，字符删除步骤请参考步骤 3。

7）二手房数据处理的最终效果如图 9-20 所示。

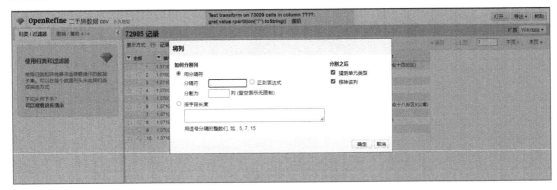

图 9-18　分割列界面

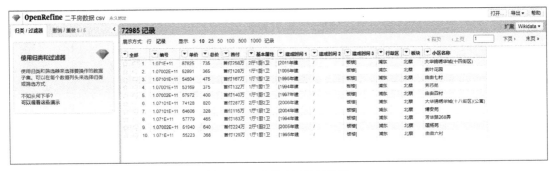

图 9-19　建成时间分割结果

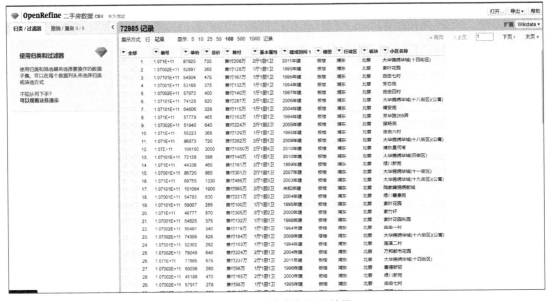

图 9-20　二手房数据处理效果

8）数据导出。选择"导出"→"正在生成模板"将数据导出，模板效果如图 9-21 所示。

9）数据导出结果验证。上一步骤导出的数据格式为 txt 文件，文件内容如图 9-22 所示。

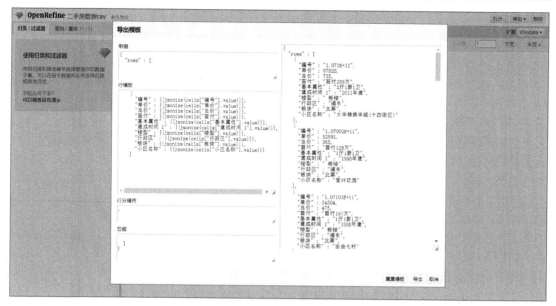

图 9-21　数据导出模板

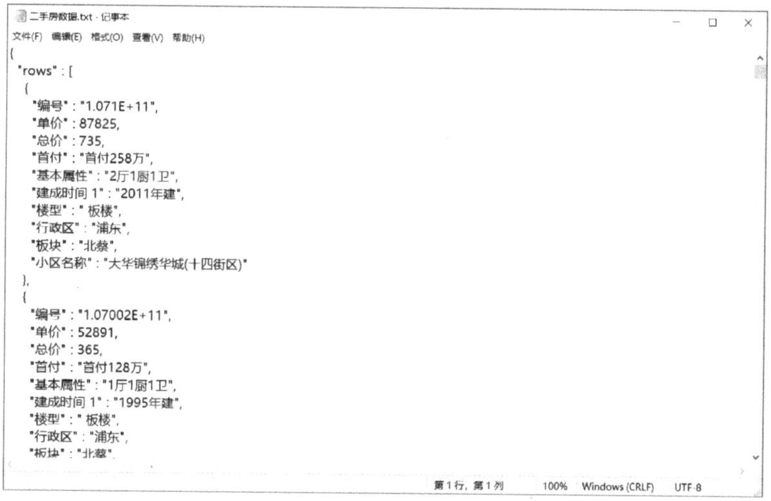

图 9-22　二手房数据处理导出结果

习题

1. 简述 Pig Latin 中的表（Bag）与普通表（Table）之间的区别。
2. 简述 Pig 分别有哪些组件。
3. 简述 Pig 的本地模式和集群模式有何区别。

参 考 文 献

[1] MCKINNE Y W. 利用 Python 进行数据分析[M]. 唐学韬，译. 北京：机械工业出版社，2013.

[2] VANDERPLAS J. Python 数据科学手册[M]. 陶俊杰，陈小莉，译. 北京：人民邮电出版社，2018.

[3] HELLMANN D. Python 标准库[M]. 刘炽，译. 北京：机械工业出版社，2012.

[4] 安俊秀，唐聃，靳宇倡. Python 大数据处理与分析[M]. 北京：人民邮电出版社，2021.

[5] 安俊秀，靳宇倡. 大数据导论[M]. 北京：人民邮电出版社，2020.

[6] 刘丽敏，廖志芳，周韵. 大数据采集与预处理技术[M]. 长沙：中南大学出版社，2018.

[7] 维克托·迈尔-舍恩伯格，库克耶. 大数据时代[M]. 盛杨艳，周涛，译. 杭州：浙江人民出版社，2013.

[8] GATES A. Pig 编程指南[M]. 曹坤，译. 北京：人民邮电出版社，2013.

[9] 林子雨. 数据采集与预处理[M]. 北京：人民邮电出版社，2022.

[10] 崔庆才. Python 3 网络爬虫开发实战[M]. 2 版. 北京：人民邮电出版社，2021.

[11] 王雪松，张良均. ETL 数据整合与处理：Kettle[M]. 北京：人民邮电出版社，2021.